U0171054

国家出版基金项目
NATIONAL PUBLICATION FOUNDATION

“十三五”国家重点出版物出版规划项目

集成电路设计丛书

人工智能芯片设计

尹首一　涂锋斌　朱　丹　魏少军　著

科学出版社
龙门书局
北京

内 容 简 介

本书介绍了人工智能芯片相关的基础领域知识，分析了人工智能处理面临的挑战，由此引出全书的重点：人工智能芯片的架构设计、数据复用、网络映射、存储优化以及软硬件协同设计技术等领域前沿技术。书中还讨论了最新研究成果，并辅以实验数据进行比较分析，最后展望了人工智能芯片技术的发展方向。

本书适合人工智能芯片设计相关领域和对该领域感兴趣的读者阅读，也适合电子科学与技术专业的教师和学生参考。

图书在版编目（CIP）数据

人工智能芯片设计 / 尹首一等著. —北京：龙门书局，2020.3
（集成电路设计丛书）

"十三五"国家重点出版物出版规划项目　国家出版基金项目
ISBN 978-7-5088-5718-3

Ⅰ. ①人… Ⅱ. ①尹… Ⅲ. ①人工神经网络－芯片－设计
Ⅳ. ①TP183

中国版本图书馆 CIP 数据核字（2020）第 047035 号

责任编辑：任　静 / 责任校对：王萌萌
责任印制：吴兆东 / 封面设计：迷底书装

科 学 出 版 社 出版
龙 门 书 局
北京东黄城根北街 16 号
邮政编码：100717
http://www.sciencep.com
北京建宏印刷有限公司 印刷
科学出版社发行　各地新华书店经销
*
2020 年 3 月第 一 版　开本：720×1000　1/16
2024 年 1 月第六次印刷　印张：9 3/4　插页：4
字数：189 000
定价：98.00 元
（如有印装质量问题，我社负责调换）

《集成电路设计丛书》编委会

序

　　集成电路无疑是近 60 年来世界高新技术的最典型代表，它的产生、进步和发展无疑高度凝聚了人类的智慧结晶。集成电路产业是信息技术产业的核心，是支撑经济社会发展和保障国家安全的战略性、基础性和先导性产业，也是我国的战略性必争产业。当前和今后一段时期，我国的集成电路产业面临重要的发展机遇期，也是技术攻坚期。总体上讲，集成电路包括设计、制造、封装测试、材料等四大产业集群，其中集成电路设计是集成电路产业知识密集的体现，也是直接面向市场的核心和制高点。

　　"关键核心技术是要不来、买不来、讨不来的"，这是习近平总书记在 2018 年全国两院院士大会上的重要论述，这一论述对我国的集成电路技术和产业尤为重要。正是由于集成电路是电子信息产业的基石和现代工业的粮食，对国家安全和工业安全具有决定性的作用，我们必须、也只能立足于自主创新。

　　为落实国家集成电路产业发展推进纲要，加快推进我国集成电路设计技术和产业发展，多位院士和专家学者共同策划了这套《集成电路设计丛书》。这套丛书针对集成电路设计领域的关键和核心技术，在总结近年来我国集成电路设计领域主要成果的基础上，重点论述该领域的基础理论和关键技术，给出集成电路设计领域进一步的发展趋势。

　　值得指出的是，这套丛书是我国中青年学者近年来学术成就和技术攻关成果的总结，体现集成电路设计技术和应用研究的结合，感谢他们为大家介绍总结国内外集成电路设计领域的最新进展，每本书内容丰富，信息量很大。丛书内容包含了先进的微处理器、系统芯片与可重构计算、半导体存储器、混合信号集成电路、射频集成电路、集成电路设计自动化、功率集成电路、毫米波及太赫兹集成电路、硅基光电片上网络等方面的研究工作和研究进展。本丛书旨在使读者进一步了解该领域的研究成果和经验，吸引和引导更多的年轻学者和科研工作者积极投入到集成电路设计这项既具有挑战又有吸引力的事业中来，为我国集成电路设计产业发展做出贡献。

　　感谢撰写丛书的各领域专家学者。愿这套丛书能成为广大读者，尤其是科研工作者、青年学者和研究生十分有用的参考书，使大家能够进一步明确发展方向和目标，为开展集成电路的创新研究和工程应用奠定重要基础。同时，希望这套丛书能为我国集成电路设计领域的专家学者提供一个展示研究成果的交流平台，进一步促进和推动我国集成电路设计领域的教学、科研和产业的深入发展。

郝跃

2018 年 6 月 8 日

前　　言

人工智能自 1956 年被正式提出以来，经历了半个世纪的积累，又一次迎来了革命性的大发展。在计算力和数据量大幅度提升的推动下，人工智能在机器学习，特别是神经网络主导的深度学习领域获得极大的突破，深度学习算法已成为人工智能算法的代名词。因此，目前所说的人工智能芯片通常是指深度学习算法芯片，它们以计算架构创新为手段，对深度学习算法进行优化处理，在尽量不牺牲精度和硬件代价的前提下，实现对人工智能应用在计算速度、功耗和成本等各方面的优化。设计出符合不同应用需求的人工智能芯片，已成为加快人工智能与新经济社会各领域渗透融合，推动人工智能可持续发展的重要因素。

面对从"云"到"端"不断增长的市场需求，人工智能芯片设计技术创新活跃，各种促进深度学习算法有效处理的芯片架构设计新方法和新技术不断涌现。本书对这些方法和技术进行了广泛的讨论，将其中最具先进性、代表性的工作和研究成果按照计算架构、数据复用、网络映射、存储优化以及软硬件协同设计等五个方面进行深入分析和总结，并探讨了有助于进一步优化人工智能芯片计算架构的新思路、新技术和新方法，同时给出实验结果，以评估其有效性。

全书分为 9 章。第 1 章是绪论，分析了当前的人工智能热潮下，从体系结构入手，实现人工智能芯片根本性创新的必要性；第 2 章首先回顾了人工智能的发展历程，由此引出了人工智能与神经网络的关系，并详细介绍了人工神经网络模型的相关组成元素和深度神经网络的常见网络结构，让读者能够快速了解人工智能芯片相关的基础领域知识，为后续章节内容的探讨做铺垫；第 3 章基于常用深度神经网络的数学模型，分别从计算量、访存、并行性等多个维度深入地分析了神经网络日益复杂的结构给智能计算带来的各种挑战，进而引出了人工智能芯片在性能、功耗以及灵活性方面的设计需求；第 4 章按照时域和空域计算架构，对学术界和业界知名的人工智能芯片架构进行了系统性的分类介绍，详细分析了每款芯片的架构特点和能效表现，并深入剖析了现有计算架构存在的问题，最后以一款多粒度可重构智能计算架构为例探讨了目前最新的国际研究热点；第 5 章重点讨论智能计算架构常用的数据复用模式，不仅对每种模式的访存行为进行了建模分析和智能计算架构设计实例分析，还深入剖析了在智能计算中采用固定的数据复用模式和分块参数存在的问题，最后以混合数据复用模式为例详细介绍了能够进一步提升能效的智能计算架构数据复用模式设计的新方法；第 6 章详细介绍和分析了面向人工智能芯片的经典网络映射方法和最新的前沿研究工作，并针对神经网络模型日益复杂的发展趋势，介绍了一种能够提高硬件资源利用率和性能的复杂网络映射方法；第 7 章介绍了对人工智能芯片架构设计至关重要的存储技术，包括高密度片外存储技术和片上存储技术；第 8 章从软硬件协同设计的角度介绍了提升人工智能芯片架构能效的前沿创新工作；第 9 章总结全书并展望了人工智能芯片设计的未来发展方向。

我们希望能通过本书与国内同行一起分享和探讨人工智能芯片领域的创新研究成果，共享人工智能技术热潮带来的巨大发展机遇，共同推动我国人工智能芯片产业持续发展。

本书相关资料的收集整理和相关研究成果的取得凝聚了清华大学微电子所可重构计算研究团队近几年的集体智慧和汗水。特别感谢众多的博士和硕士研究生，包括欧阳鹏、唐士斌、谷江源、林鑫瀚、陆天翼、郭建辛、王智慧、严佳乐、吴薇薇、崔冬冬、邓金易等，他们在读期间为智能计算芯片技术的研究和发展以及本书的最终完成做了大量辛勤的工作。

我们在撰写本书的过程中力图精益求精，但难免存在疏漏之处，敬请读者指正和谅解。

作 者

2020 年 3 月

目　　录

第1章 绪　　论

从古希腊神话中的人造人塔洛斯(Talos)、加拉蒂亚(Galatea)、潘多拉(Pandora)，到中世纪巫术中赋予意识的无生命物质 Takwin、何蒙库鲁兹，再到现代的达芬奇机器人、Google 的 AlphaGo，创造能够自主思考的机器一直是人类的梦想。人工智能(Artificial Intelligence，AI)就是帮助人类实现这一梦想的科学，它让机器做人类需要智能才能完成的事，让计算机听懂人类语言，像人一样思考、辨别，并借助其在逻辑思维、信息存储容量、执行速度等方面超越人类智能的优势，帮助人类感知、认知、分析、预测乃至重塑世界。它与基因工程、纳米科学并列 21世纪三大尖端技术。目前，机器人、无人机、3D 打印、无人驾驶等学术界、科技界和产业界关注的几乎所有的热点和主题，发展突破的关键都在于人工智能。不得不说人工智能的发展关乎人类的未来。无论硅谷创业公司、大学及科研机构，还是谷歌、微软、百度、Facebook 等国际 IT 巨头都在人工智能领域频频发力，自由资本更是竞相追逐。仅 2017 年一年，全球新成立人工智能创业公司约 1100家，人工智能领域共获得投资 152 亿美元，同比增长 141%。

世界大国更是以"得人工智能者得天下"的决心大搞人工智能军备竞赛。2015年以来，美国、英国、法国、日本、德国、加拿大、新加坡、阿联酋、芬兰、丹麦、欧盟、韩国和印度等国家和组织相继将发展人工智能作为提升国家竞争力、维护国家安全的重大战略，并发布国家层面促进人工智能应用与开发的发展规划，力图掌握主导权。2017 年，国务院印发《新一代人工智能发展规划》，工业和信息化部制定《促进新一代人工智能产业发展三年行动计划(2018—2020年)》，向世人宣示了我国引领全球人工智能理论、技术和应用的雄心。2018 年10 月，习近平在中共中央政治局第九次集体学习时强调，人工智能是新一轮科技革命和产业变革的重要驱动力量，加快发展新一代人工智能是事关我国能否抓住新一轮科技革命和产业变革机遇的战略问题[1]。未来，国家层面的人工智能竞争将愈演愈烈。

引发这一波人工智能热潮的，正是当前最先进、应用最广泛的深度学习(也称为深度神经网络)技术，由多伦多大学的 Geoffrey Hinton 等于 2006 年首次提出，

---

① 习近平主持中共中央政治局第九次集体学习并讲话. 新华社，http://www.gov.cn/xinwen/2018-10/31/content_5336251.htm.

2011 年开始逐渐被引入研究和应用的热潮，从边缘课题变成了微软、谷歌、Facebook、苹果等互联网和 IT 巨头仰赖的核心技术，帮助科学家在计算机视觉、语音识别和自然语言理解等领域长期存在的问题上取得了实质性进展。2019 年 3 月 27 日，国际计算机学会(Association for Computing Machinery，ACM)正式宣布深度学习领域的三位代表性人物——深度神经网络鼻祖 Geoffrey Hinton、蒙特利尔大学终身教授 Yoshua Bengio 以及 Facebook 人工智能研究部门主管 Yann LeCun 同获 2018 年图灵奖，进一步确立了深度神经网络作为智能时代核心驱动力量的重要地位，具有划时代的意义。

深度神经网络的基石之一——卷积神经网络，早在 20 世纪八九十年代就已经提出，虽然那时的网络结构还比较简单，但仍然受限于当时的计算处理能力，一直沉寂。进入 21 世纪之后，在摩尔定律的持续推动下，集成电路技术步入纳米时代，智能计算芯片的计算力不断提升，再加上大数据的助力，深度神经网络技术迎来大规模发展并走向实用化。然而，由于技术与经济两方面的原因，摩尔定律被普遍认为将于 2020 年左右走到尽头。曾经影响深远的冯·诺依曼体系结构，虽然一直在演进，从哈佛结构、流水线、多线程、多发射、乱序执行到超长指令字，再从单核到双核、多核乃至众核，却始终没有脱离内存与计算单元分离的基本特征。由此造成的存储单元与计算单元之间的频繁通信，要求系统运行在很高的时钟频率上，器件的开关功耗急剧上升，而硅基器件的散热能力又限制了时钟频率无限制的上升，这就是所谓的"内存墙""功耗墙"和"性能墙"。后摩尔定律时代，唯有突破冯·诺依曼体系结构基本特征的限制，实现智能计算芯片体系结构上的根本性创新，研制出与人脑媲美、高效节能的智能计算芯片，才是为深度学习技术快速演进提供充足算力保障的唯一途径。

本书首先回顾了人工智能的发展历程，由此引出了人工智能与神经网络的关系，并详细介绍了人工神经网络模型的相关组成元素和深度神经网络的常见网络结构，让读者了解智能计算芯片相关的领域知识；其次基于几种目前常用深度神经网络的数学模型，分别从计算量、访存、并行性等多维度深入分析了网络结构给智能计算带来的各种挑战，进而引出了智能计算芯片在性能、功耗以及灵活性方面的设计需求；然后分别从计算架构、数据复用、网络映射、存储优化以及软硬件协同设计等不同角度切入，分别介绍智能计算芯片领域的核心关键技术和我们的研究成果，并辅以实测实验数据与前人工作进行比较，说明相关研究成果的有效性；最后讨论了智能计算芯片设计技术的发展方向。

第2章 人工智能与神经网络

2.1 人 工 智 能

人工智能是一门融合了计算机科学、统计科学、脑神经学和社会科学的前沿综合性学科，诞生于 1956 年 Dartmouth(达特茅斯)学会。McCarthy(麦卡锡)在此次会议上正式提出人工智能的概念，并将其定义为 "研制智能机器的一门科学与技术"。此后，很多专家学者又从不同的角度定义了人工智能。例如，美国斯坦福大学人工智能研究中心尼尔森(Nilson)教授将其定义为 "关于怎样表示知识及怎样获得知识并使用知识的科学"；美国麻省理工学院的温斯顿教授将其定义为 "人工智能就是研究如何使计算机去做过去只有人才能做的智能的工作"。无论何种定义，都能反映人工智能的基本思想和基本内容，即研究人类智能实质，并构造能以人类智能相似的方式做出反应的人工系统。目前，人工智能应用领域的研究包括机器人、语音识别、图像识别、自然语言处理和专家系统等。

人工智能系统自己获取知识的能力称为机器学习。学习是人类思维的重要组成部分，也是人工智能的主要标志和获得智能的基本途径，因此，机器学习是人工智能研究中最突出和最重要的领域。它专门研究计算机怎样模拟或实现人类的学习行为，以获取新的知识或技能，重新组织已有的知识结构，不断改善自身的能力。与传统的用于解决特定任务、硬编码的软件程序不同，机器学习用大量的数据来 "训练" 模型，通过各种算法从数据中学习如何对现实世界中的事件做出决策和预测。传统的机器学习算法包括决策树、贝叶斯分类、支持向量机、聚类、最大期望(Expectation Maximization，EM)算法、自适应增强(Adaboost)算法等，它们在指纹识别、基于 Haar 的人脸检测、基于 HoG 特征的物体检测等特定场景领域的应用基本达到了商业化的水平，但离智能的标准还很远，直到深度学习的出现。

深度学习起源于科学家发现人的视觉系统对信息的处理是分级的，高层的特征是低层特征的组合，从低层到高层的特征表达越来越抽象和概念化。由此激发科学家认识到大脑是一个深度结构，认知过程是按深度分级的。例如，首先由瞳孔摄入图像，之后大脑皮层某些细胞进行初步处理，发现图像的边缘和方向，抽象出物体的形状，然后进一步抽象，识别出图像类别，如人脸。深度学习的思想正是借鉴了大脑这种天然的深层结构和分级认知方式。然而历史的发展向来不是一帆风顺的。1957 年，Frank Rosenblatt 在 *New York Times* 上发表文章 *Electronic "brain" teaches itself*，首次提出可以模拟人类感知能力的感知器，神经网络得以发展，深度学习开始萌芽，直到 2006 年，Geoffrey Hinton 提出深度置信网络（Deep Belief Net Work, DBN），并提出非监督贪心逐层训练（Layer-wise Pre-training）算法，深度学习的应用效果才取得突破性进展，其与之后 Ruslan Salakhutdinov 提出的深度玻尔兹曼机（Deep Boltzmann Machine, DBM）掀起了深度学习的浪潮。目前，深度学习已经成为人工智能领域最先进、应用最广泛的核心技术，同时，深度学习也是人工智能领域最主流的研究方向。

图 2.1 展示了人工智能、机器学习、深度学习以及神经网络几个概念之间的关系。

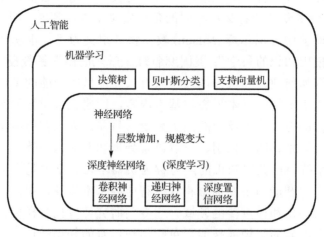

图 2.1　人工智能相关概念示意图

2.2　神 经 网 络

从广义上来讲，神经网络主要分为人工神经网络（Artificial Neural Network，ANN）和脉冲神经网络（Spiking Neuron Network，SNN）。其中，ANN 是指受大脑神经元结构及神经传导原理启发建立的数学计算模型，基于这类模型实现智能计算的方式称为脑启发计算。前面介绍的感知器模型和以 BP 算法训练网络为基本特征，网络结构形式多样的神经网络计算模型，例如，BP 神经网络、卷积神经网络（Conventional Neuron Network，CNN）、循环神经网络等都属于 ANN。脉冲神经网络的核心是使用更接近于生物神经工作机制的脉冲神经元模型，并且在计算过程中，信息都采用脉冲编码，其硬件实现的芯片在体系结构上也有别于擅长精确数值计算的 CPU/GPU。基于这类计算模型实现智能计算的方式称为神经拟态计算。到目前为止，SNN 还属于学术研究范畴，充满前景，但还不是主流。ANN是目前机器学习特别是深度学习使用的主要模型，它推动人工神经网络理论与算法取得突破，并在业界获得成功应用，是本书后面讨论的主要内容。

2.2.1　人工神经元

生物神经网络由数以千万计的互连细胞——生物神经元组成，而对于人类，这个数字则达到了 860 亿。生物神经元的基本结构如图 2.2 所示，由一个细胞体、多条树突、一条轴突和突触四部分组成。细胞体是数据处理中心，处理完的数据以电脉冲的形式表示，树突用来接收来自其他神经元的电脉冲信号，轴突用来向其他神经元输出电脉冲信号。如图 2.3 所示，两个细胞体之间的轴突-树突接触间隙称为突触，该间隙充满了导电流体，允许电信号流动，突触的电导率受大脑激素控制。

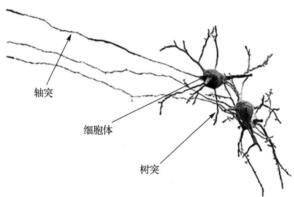

图 2.2　生物神经元的基本结构

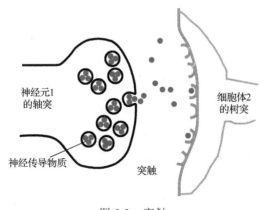

图 2.3　突触

　　1943 年，心理学家 McCulloch 和数理逻辑学家 Pitts 受生物神经元模型启发，提出了神经元的第一个数学模型——MP 模型[1]，试图从结构、实现机理和功能上模拟生物神经网络的行为。MP 模型具有开创意义，为后来的研究工作提供了依据。1958 年，心理学家 Frank Rosenblatt 在 MP 模型的基础之上增加学习功能，提出了现代人工神经元模型，也称为感知器模型，如图 2.4 所示。该模型包含细胞体(图中的求和节点)、输入、输出、权重和激活函数五个部分，前四个部分分别对应生物神经元的四个组件。其输入是具有 m 个分量的实值向量$(x_1,x_2,\cdots,x_m)$，相当于 m 条树突；受大脑突触的启发，每个输入分量 x_i 都对应一个权重 w_{ki}，这意味着发送到每个连接的输入值都要乘以它关联的权重因子，从而控制输入对本单元的影响。如果某个连接重要，那么它将具有比那些不重要的连接更大的权重值。神经元的处理过程为：细胞体首先基于式(2-1)所示的线性模型处理输入得到输出 v_k，以实现权重对输入影响力的控制。然后，基于式(2-2)将 v_k 作为非线性函数——激活函数 φ 的输入，计算神经元的输出 y_k。

$$v_k = \sum_{i=1}^{m} x_i w_{ki} + b_k \tag{2-1}$$

$$y_k = \varphi(v_k) \tag{2-2}$$

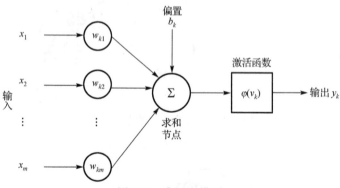

图 2.4　感知器模型

　　虽然人类还不能完全理解大脑的工作原理，但是基于神经元的计算模型构建技术已经有很长的研究历史，并获得了大量的研究成果，大致分为两类：第一类是尽可能地用电路结构模拟还原大脑神经系统的结构和思考过程,实现智能计算，称为神经拟态计算，IBM 等公司推出的"类脑"芯片就属于此类；第二类是受大脑神经元结构及神经传导原理启发建立数学计算模型，实现智能计算，这种方式称为脑启发计算。这两类建模方法都是目前非常重要的研究热点。本书后面介绍的智能计算芯片设计技术都属于脑启发计算芯片范畴，这类芯片的设计以模拟大脑的神经元结构为基本技术路线，而非模拟大脑的思考形式，是目前研究应用最广的方向。

2.2.2　激活函数

激活函数是人工神经元细胞体中对所有输入信号进行加权和之后的非线性映射。在多层神经元构成的神经网络中，激活函数可以理解为上一层神经元的输出与下一层神经元的输入之间的函数关系。如果不用激活函数，神经元的输出就只是其输入的线性变换，那么无论经过多少层神经元，最终的输出都是输入的线性组合，与没有中间层的效果相当。最原始的感知机就是由没有激活函数的神经元连接而成的，只能处理线性问题。正是感知机的这一缺陷导致了第一次人工神经网络研究的衰退。因此，激活函数是神经元中非常重要的组成部分，它极大地增强了网络的学习能力和表达能力。

激活函数一般需要满足以下几个条件：

（1）连续并可导（允许在有限点上不可导）的非线性函数；

（2）激活函数及其导数要尽可能地简单，以提高网络的计算效率；

（3）激活函数及其导数的值域要在一个合适的区间内，范围不能太大，否则影响训练的效率和稳定性。

图 2.5 给出了如下几种常用激活函数的曲线图。

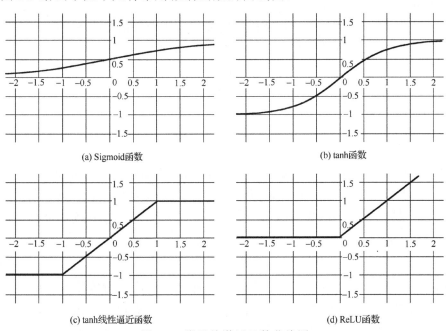

(a) Sigmoid函数　　　　　　　　　　　(b) tanh函数

(c) tanh线性逼近函数　　　　　　　　　(d) ReLU函数

图 2.5　常见的激活函数曲线图

1) Sigmoid 函数

Sigmoid 函数也称 Logistic 函数，其函数定义为

$$f(x) = \frac{1}{1 + e^{-x}} \tag{2-3}$$

它近似为线性函数，值域为[0,1]，当输入值靠近两端时，对输入进行抑制，趋向饱和。Sigmoid 函数主要有三个缺点：一是其输出恒为正值，不是以零点对称的，导致权值只能朝一个方向更新，使得收敛缓慢；二是需要进行指数计算，比较耗费计算资源；三是其饱和特性导致梯度消失，会使得网络变得很难学习。

2) tanh 函数

tanh 函数是 Sigmoid 函数的改进版，和 Sigmoid 函数有异曲同工之妙，都是研究早期被广泛使用的 2 种激活函数。

$$f(x) = \tanh(x) \tag{2-4}$$

它由双曲正弦 sinh 和双曲余弦 cosh 相除得到，其值域为[-1,1]，克服了 Sigmoid 函数非 0 均值的缺点，不容易出现 loss 值晃动，收敛速度快。但是它和 Sigmoid 函数一样，都是饱和型函数，会导致梯度消失的问题。而且，2 个函数的计算量都是指数级的，计算相对复杂。

3) tanh 线性逼近函数

tanh 线性逼近函数是 Sigmoid 函数的简化，主要目的是将 Sigmoid 的非线性区域线性化，常用于硬件电路的设计实现中，它的表达式为

$$f(x) = \begin{cases} -1, & x < -1 \\ x, & -1 \leqslant x \leqslant 1 \\ 1, & x > 1 \end{cases} \tag{2-5}$$

4) ReLU 函数

ReLU 是修正线性单元(Rectified Linear Unit)的缩写，是 Krizhevsky、Hinton 等在 2012 年的论文 *ImageNet classification with deep convolutional neural networks* 中提出的一种线性且不饱和的激活函数，其特点是更为接近生物神经的开关阈值状态，表达式为

$$f(x) = \max(0, x) \tag{2-6}$$

ReLU 函数只有线性关系，不需要指数计算，无论前向传播还是反向传播，计算速度都比 Sigmoid 函数和 tanh 函数快。而且它具有很好的稀疏性，显著减少了计算量。此外，当 $x > 0$ 时，其导数为 1，在一定程度上缓解了神经网络的梯度

消失问题,有利于加速梯度下降的收敛速度。其缺点是:其导数在零点左侧为 0,训练时容易使得神经元死亡。

激活函数的选择很多,上面只介绍了其中几种比较典型的函数。Sigmoid 函数虽然各点可导并且导数容易求解,但是存在梯度饱和的问题,后来的 ReLU 函数解决了梯度饱和的问题,但是出现了神经元坏死和非对称的问题,随后演化出的各种 ReLU 函数的变形都是着眼于解决这个问题而提出的,虽然 ReLU 函数存在着一些问题,但是其导数非常简单而且只需要一个比较器就可以实现,因此已成为目前最常用的激活函数。

2.2.3　人工神经网络

人工神经网络(简称神经网络),是一种模仿动物神经网络行为特征,进行分布式并行信息处理的算法数学模型,它以人工神经元(感知器)为节点,按不同的连接方式构成神经网络。如图 2.6 所示,多个感知器并列连接构成一个神经网络层,多个神经网络层按顺序排布组成最简单的神经网络——多层感知器(Multi-Layer Perceptron,MLP)。图 2.6 中任意两个感知器之间的直线表示它们之间相互连接并相互依赖,连接的依赖程度就是权重。多层感知器包括一个输入层、至少一个隐藏层和一个输出层。图 2.6 中从左至右依次显示了输入层(层 1)、隐藏层(层 2)以及输出层(层 3)。

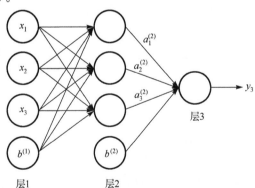

图 2.6　多层感知器示意图

构建神经网络的主要工作就是不断调整权重,使得网络推断(或者预测)误差最小化的过程,这个过程就是神经网络的训练过程。简单来说,训练过程是指在已有数据中学习,获得某些能力的过程;而推断过程则是指对新的数据,使用这些能力完成特定任务(如分类、识别等)的过程。训练一般基于前向计算(Forward Pass)和后向计算(Backward Pass)实现。前向计算是指从输入层到输出层逐层计算输出的过程。后向计算是网络根据实际输出和期望输出之间的误差,反向进行网络权值的修正，直到权重值调整到最佳，以使得整个网络的预测效果最好。后向计算过程就是网络的学习和训练过程，该过程主要基于 BP 算法进行。

BP 算法是训练神经网络的一种重要方法。它首先通过前向计算将训练集数据输入神经网络的输入层，经过一个或者多个隐藏层，最后到达输出层并输出结果；随后基于链式求导法则，将输出结果与实际结果之间的误差从输出层向隐藏层反向传播，直至输入层。在反向传播的过程中，根据误差调整网络参数的值，通过不断迭代反向传播过程，直至神经网络的输出结果收敛。以图 2.6 的多层神经网络为例，其中 $a_1^{(2)}$ 表示第二层 (隐藏层) 第一个神经元的输出，$a_2^{(2)}$ 表示第二层 (隐藏层) 第二个神经元的输出，$a_3^{(2)}$ 表示第二层 (隐藏层) 第三个神经元的输出。这三个神经元的输出分别表示为

$$a_1^{(2)} = \varphi(w_{11}^{(1)} x_1 + w_{21}^{(1)} x_2 + w_{31}^{(1)} x_3 + b^{(1)}) \tag{2-7}$$

$$a_2^{(2)} = \varphi(w_{12}^{(1)} x_1 + w_{22}^{(1)} x_2 + w_{32}^{(1)} x_3 + b^{(1)}) \tag{2-8}$$

$$a_3^{(2)} = \varphi(w_{13}^{(1)} x_1 + w_{23}^{(1)} x_2 + w_{33}^{(1)} x_3 + b^{(1)}) \tag{2-9}$$

经过输出层，多层神经网络的输出 y_3 为

$$y_3 = \varphi(w_{11}^{(2)} a_1^{(2)} + w_{21}^{(2)} a_2^{(2)} + w_{31}^{(2)} a_3^{(2)} + b^{(2)}) \tag{2-10}$$

其中，$w_{ij}^{(t)}$ 是相邻两层 (t 与 $t+1$ 层) 神经元之间的权重值。神经网络的训练过程就是求解神经元之间的权重，使得误差函数最小的一个过程。误差函数是所有待求解权重的一个复合函数，一般采用梯度下降算法来求解误差函数的极值。梯度下降算法的基本步骤为：首先选取一个初始点，求解梯度向量；然后向梯度向量为负的方向，以合适的步长进行搜索，找到最佳的权重值；不断地迭代搜索过程，直到两次迭代之间的差值小于设定的阈值；最后输出迭代后的网络参数等结果。

在神经网络中，假设我们要求的误差函数为：$H(w_{11}, w_{12}, \cdots, w_{mn})$，对误差函数求梯度，则可表示为

$$\nabla H = \frac{\partial H}{\partial w_{11}} e_{11} + \frac{\partial H}{\partial w_{12}} e_{12} + \cdots + \frac{\partial H}{\partial w_{mn}} e_{mn} \tag{2-11}$$

利用 BP 算法来求解这些复杂的偏导数，求出权重改变量然后更新权重，这样就达到了神经网络学习的目的。

2.3 深度神经网络

深度神经网络一词里的"深度"主要是指神经网络的层数，它并没有固定的定义——在语音识别中 4 层网络就能够被认为是"较深的"，而在图像识别中 20 层以上的网络屡见不鲜。单从结构上来说，全连接的深度神经网络和图 2.6 的多层感知器是没有任何区别的，更多的层数主要是为了让网络更容易刻画现实世界

中的复杂情形。2006 年，Hinton 利用预训练方法缓解了局部最优解问题，将多层感知机的隐藏层推动到了 7 层，神经网络才在真正意义上有了"深度"。

　　深度神经网络已经广泛应用于图像分类、目标识别、语音识别、动作识别、场景理解等诸多领域，在有的领域还取得了超过人脑的准确率。深度神经网络按结构可以分为卷积神经网络、全连接神经网络（Fully Connected Neural Network，FCN）和循环神经网络（Recurrent Neural Network，RNN）。卷积神经网络由卷积层、池化层和全连接层组成，擅长视觉特征提取。FCN 由多个全连接层组成，通常用于分类。RNN 是一种特殊的神经网络结构，它是根据"人的认知是基于过往的经验和记忆"提出的，也由全连接层组成，但层与层之间具有反馈路径和门控操作，在时序数据处理中表现良好。

　　上述三种基本的深度神经网络可以独立使用，例如，独立的卷积神经网络可以用作图像分割的完全卷积网络[2]。同时，这些神经网络也可以组合起来构建更复杂的神经网络。如图 2.7 所示，AlexNet[3]由 5 层 CNN 和 3 层 FCN 组合而成，可用于图像分类。长期递归卷积网络（Long-term Recurrent Convolution Network，LRCN）[4]由一个 5 层 CNN、3 层 FCN 和 2 层 RNN 级联而成，可用于图像理解。CLDNN[5]由 2 层 CNN、6 层 FCN 和 2 层 RNN 组成，以实现语音识别。本书将CNN、FCN 和 RNN 的这些组合定义为混合深度神经网络，简称混合神经网络（Hybrid Neural Network，Hybrid-NN）。

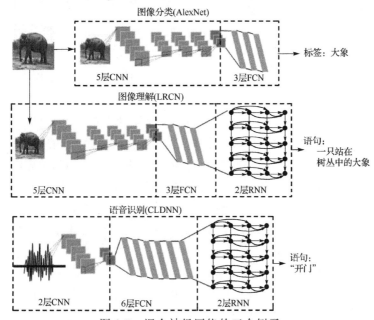

图 2.7　混合神经网络的三个例子

AlexNet 用于图像分类，LRCN 用于图像理解，CLDNN 用于语音识别

　　随着神经网络的发展，混合神经网络在认知任务上表现出很大的优势，并且变得越来越重要[6,7]。目前比较常用的混合神经网络结构包括 LeNet[8]、AlexNet、VGGNet[9]、GoogLeNet[10]、ResNet[11]等，它们分别针对不同的问题具有非常重要的意义，并在深度神经网络的发展历程中起到了重要的推动作用。下面选取几种典型的结构加以介绍。

　　LeNet 诞生于 1994 年，由 Yann LeCun 提出，是最早应用于数字识别的卷积神经网络，并在美国银行中得到成功推广，对神经网络的实用化起到了重要的促进作用。其网络结构非常简单，如图 2.8 所示，由 2 个卷积层和 2 个全连接层组成。LeNet的主要贡献是提出了局部感受野的概念，即卷积神经网络中每一层输出特征图上的像素点在原始图像上映射的区域大小。基于这一概念，卷积神经网络每一层参与某个卷积核运算的只是特征图的一部分，不需要像之前的网络那样，每一层都必须对整个特征图进行计算，显著减少了每一层神经网络的计算量，提高了计算效率。

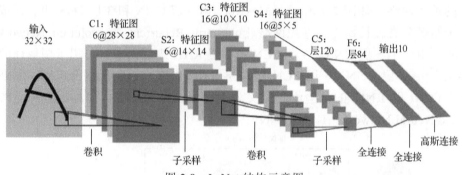

图 2.8　LeNet 结构示意图

　　AlexNet 是 2012 年由 Krizhevsky 等提出的一种卷积神经网络[3]，其网络结构如图 2.9 所示，由 5 个卷积层、3 个全连接层以及 3 个池化层组成。它用小卷积叠加来替换单个的大卷积，并首次成功地将 ReLU 作为激活函数应用于深度神经网络，证明了 ReLU 的效果在较深的网络中强于 Sigmoid 函数，解决了应用 Sigmoid作为激活函数所遇到的梯度弥散问题。此外，其深度也比 LeNet 更深，具有更强的刻画能力。AlexNet 在近年来机器视觉领域最受关注、最具权威的学术竞赛之一——ILSVRC（ImageNet Large Scale Visual Recognition Challenge）获得冠军。经过测试，AlexNet 的识别精度达到了 84.6%，这给学术界带来了深刻的影响，更加点燃了人们对神经网络的研究热情。

　　随着人工神经网络的进一步发展，神经网络的结构也在不断演进。在 AlexNet之后，为了提升神经网络的识别精度，主要有四个改进和突破方向（图 2.10）：增加网络深度、减小网络中卷积核大小和增强卷积核功能、前两者结合并引入残差网络进行收敛加速、增加新的功能单元。

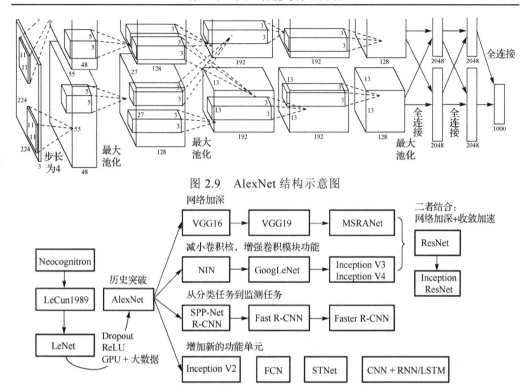

图 2.9　AlexNet 结构示意图

图 2.10　深度神经网络的发展方向[12]

第一个突破方向是增加网络的深度。这主要以 2014 年提出的视觉几何组（Visual Geometry Group，VGG）网络为代表。它与 AlexNet 的网络结构非常相似，主要区别在于神经网络层数。通过增加网络层数等改进，VGG 识别精度能达到 90%以上。图 2.11 显示了 VGG 网络的结构示意图，按结构层次，VGG 网络主要分为三种：VGG-11（11 层）、VGG-16（16 层）和 VGG-19（19 层）。

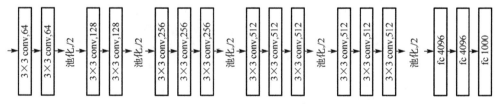

图 2.11　VGG 网络结构示意图

第二个突破方向是减小网络中卷积核大小和增强卷积核功能，其主要代表包括 NIN[13]、SqueezeNet[14]、MobileNet[15]、ShuffleNet[16]、GoogLeNet 等。其中，GoogLeNet 为典型代表，它引入了 Inception 结构，这是一种网中网的结构，使得整个网络结构的宽度和深度都得到了扩大，神经网络的性能也得到了提升，识别精度可达到 93.3%。图 2.12 显示了 GoogLeNet 中的 Inception 网络结构示意图。

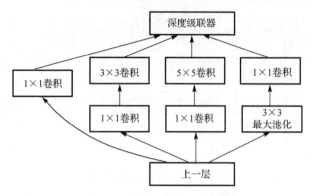

图 2.12　GoogLeNet 中的 Inception 网络结构示意图

第三个方向是前两者结合并引入残差网络进行收敛加速，主要的代表是 ResNet。该网络的创新主要在于引入了残差网络，使其可以在加深网络层数的同时避免梯度消失、梯度爆炸和退化问题。ResNet 能将神经网络的层数加深到 150 层以上，目前最深的已经超过了 1000 层，识别精度更是超越了人眼。图 2.13 显示了 ResNet 的结构示意图。

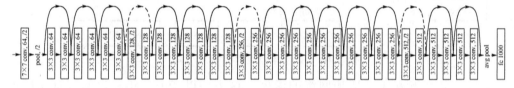

图 2.13　ResNet 的结构示意图

第四个方向是将卷积神经网络的任务发展为监测任务或者增加新的功能单元，如 R-CNN[17]、FCN[18]、LRCN[19] 等。通过对卷积神经网络的功能进行扩展而扩大神经网络的应用领域。图 2.14 展示了 LRCN 的结构示意图。

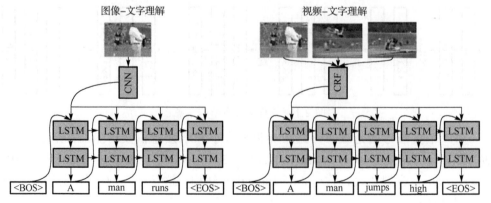

图 2.14　LRCN 的结构示意图

参 考 文 献

[1] McCulloch W S, Pitts W. A logical calculus of the ideas immanent in nervous activity[J]. The Bulletin of Mathematical Biophysics, 1943, 5(4): 115-133.

[2] Cortes C, Vapnik V. Support-vector networks[J]. Machine Learning, 1995, 20(3):273-297.

[3] Krizhevsky A, Sutskever I, Hinton G E. Imagenet classification with deep convolutional neural networks[C]. Advances in Neural Information Processing Systems, Lake Tahoe, 2012: 1097-1105.

[4] Donahue J, Hendricks L A, Guadarrama S, et al. Long-term recurrent convolutional networks for visual recognition and description[C]. IEEE International Conference on Computer Vision and Pattern Recognition(CVPR), Boston, 2015:677.

[5] Sainath T N, Vinyals O, Senior A, et al. Convolutional, long short-term memory, fully connected deep neural networks[C]. IEEE International Conference on Acoustics, Speech and Signal Processing, South Brisbane, 2015:4580-4584.

[6] Chen J, Yang L, Zhang Y, et al. Combining fully convolutional and recurrent neural networks for 3D biomedical image segmentation[C]. Advances in Neural Information Processing Systems, Barcelona, 2016: 3036-3044.

[7] Kaiser L, Gomez A N, Shazeer N, et al. One model to learn them all[J]. arXiv preprint arXiv:1706.05137, 2017.

[8] LeCun Y, Boser B E, Denker J S, et al. Handwritten digit recognition with a back-propagation network[C]. Advances in Neural Information Processing Systems, Lake Tahoe, 1990: 396-404.

[9] Simonyan K, Zisserman A. Very deep convolutional networks for large-scale image recognition[J]. arXiv preprint arXiv:1409.1556, 2014.

[10] Szegedy C, Liu W, Jia Y, et al. Going deeper with convolutions[C]. IEEE International Conference on Computer Vision and Pattern Recognition(CVPR), Boston,2014.

[11] He K, Zhang X, Ren S, et al. Deep residual learning for image recognition[C]. 2016 IEEE Conference on Computer Vision and Pattern Recognition (CVPR), Las Vegas, 2016.

[12] 刘昕. CNN 近期进展与实用技巧[EB/OL]. https://zhuanlan.zhihu.com/p/21432547[2020-03-07].

[13] Lin M, Chen Q, Yan S. Network in network[J]. arXiv preprint arXiv:1312.4400, 2013.

[14] Landola F N, Han S, Moskewicz M W, et al. SqueezeNet: AlexNet-level accuracy with 50x fewer parameters and < 0.5 MB model size[J]. arXiv preprint arXiv:1602.07360, 2016.

[15] Howard A G, Zhu M, Chen B, et al. Mobilenets: Efficient convolutional neural networks for

mobile vision applications[J]. arXiv preprint arXiv:1704.04861, 2017.

[16] Zhang X, Zhou X, Lin M, et al. Shufflenet: An extremely efficient convolutional neural network for mobile devices[J]. arXiv preprint arXiv:1707.01083, 2017.

[17] Ren S, He K, Girshick R, et al. Faster R-CNN: Towards real-time object detection with region proposal networks[C]// International Conference on Neural Information Processing Systems. Istanbul: MIT Press, 2015:91-99.

[18] Long J, Shelhamer E, Darrell T. Fully convolutional networks for semantic segmentation[J]. IEEE Transactions on Pattern Analysis & Machine Intelligence, 2014, 39(4):640-651.

[19] Donahue J, Hendricks L A, Guadarrama S, et al. Long-term recurrent convolutional networks for visual recognition and description[C]. IEEE International Conference on Computer Vision and Pattern Recognition(CVPR), Boston, 2015:677.

第 3 章 智能计算的挑战

3.1 基本网络层的数学模型

根据第 2 章的介绍,目前的深度神经网络主要包括卷积神经网络、全连接神经网络和循环神经网络,以及由这三种网络混合级联而成的混合神经网络。按照层内结构的差异,神经网络基本层主要包含卷积层、池化层、全连接层和递归层。全连接网络由多个全连接层组成,循环神经网络由递归层构成,而卷积神经网络则涵盖了卷积层、池化层和全连接层这三种基本层。本节主要介绍四种神经网络基本层的数学模型,并分析其计算特点。

卷积层的计算通常占到卷积神经网络计算总量的 90%以上[1],是设计智能计算芯片需要重点考虑的部分。其计算模型如图 3.1 所示,它采用 M 个尺寸为 $K×K×N$ 的三维卷积核,从尺寸为 $H×L×N$ 的三维特征图中提取特征,得到尺寸为 $R×C×M$ 的输出特征图。具体的计算过程为:每个三维卷积核在输入特征图上以 S 为步长,按照先从左至右再从上至下的顺序滑动,分别与滤波器窗口内数据构成的三维输入数据子向量进行卷积运算,得到一张尺寸为 $R×C$ 的输出二维特征图,M 个卷积核计算完成以后得到 M 张尺寸为 $R×C$ 的输出二维特征图,构成尺寸为 $R×C×M$ 的输出三维特征图。该计算过程如图 3.2 中的伪代码所示。其中,矩阵 I、O、W 分别表示输入特征图、输出特征图和卷积核权重。卷积层计算的基本操作是乘加,如图 3.2 中循环最内层的计算公式所示。

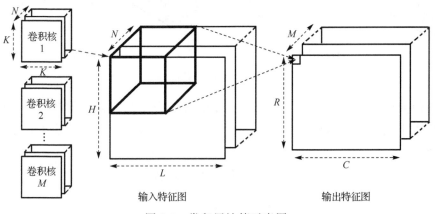

图 3.1　卷积层计算示意图

```
for(r=0; r<R; r++)                    //循环 R
  for(c=0; c<C; c++)                  //循环 C
    for(m=0; m<M; m++)                //循环 M
      for(n=0; n<N; n++)              //循环 N
          O[m][r][c]+=                //卷积
```
$$\sum_{i=0}^{K-1}\sum_{j=0}^{K-1}W[m][n][i][j]*I[n][r*S+i][c*S+j];$$

图 3.2　卷积层计算的循环表示

全连接层的网络结构就是多层感知器，其计算过程与卷积层类似，可以视为卷积核尺寸与输入特征图尺寸相同的特殊卷积运算。其计算公式可表示为

$$y = \varphi(Wx + b) \tag{3-1}$$

其中，x 表示输入特征向量；W 表示权重矩阵；b 表示偏置；φ 表示激活函数；y 表示输出结果。

池化层也称为下采样层，其池化类型包括最大池化（MAX POOL）和平均池化（AVG POOL）两种，池化层通过在感受野进行相应的池化操作来对图像进行向下采样。其中，最大池化是将待处理的特征图中感受野内邻近的 $n \times n$ 个值取一个最大的作为输出值。经过这种运算后的特征图像可以有效地减轻旋转、平移或者缩放影响。平均池化将上述求最大值的运算改为求均值运算。图 3.3 给出了最大池化和平均池化的计算模型，该例中的感受野均为 2×2。

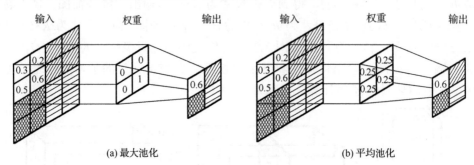

(a) 最大池化　　　　　　　　　　　　　　(b) 平均池化

图 3.3　池化计算模型

递归神经网络会对前面的信息进行记忆并应用于当前输出的计算中，即隐藏层的输入不仅包括输入层的输出还包括上一时刻隐藏层的输出。递归层的计算公式如下：

$$h_t = f(W_{hx}x_t + W_{hh}h_{t-1}) \tag{3-2}$$

$$y_t = g(W_{hy}h_t) \tag{3-3}$$

其中，t 表示时间节点；x 和 h 分别表示输入特征向量和隐藏状态向量；y 表示输出向量；W_{hx}、W_{hh}、W_{hy} 分别表示输入层到隐藏层、隐藏层到隐藏层以及隐藏层到输出层的权重矩阵；f 表示隐藏层函数；g 表示输出函数；f 和 g 可以是同一个函数。

3.2　基本网络层的计算特点

从数学模型分析，神经网络基本层主要具有以下特点。

第一，网络进行的基本运算包含乘累加、非线性运算、池化运算等基本操作。对于任意 $M×N$ 维的权重矩阵和 $N×1$ 维的输入特征向量，在全连接层和递归层所需的乘累加操作的计算量与其他非线性操作的计算量的比值大约为 $N:1$。因此，乘累加运算的高效执行对于神经网络的计算具有重要意义。

第二，卷积层以三维卷积核作为基本滑动窗口，以步长 S 在输入特征图上滑动，分别与窗口内的三维输入特征子矩阵进行三维卷积运算，使得输入特征图上大量数据需要多次重复参与运算，而且参与运算的时间不一定连续，因此神经网络不仅计算量大，而且访存操作量也很大，控制则比较简单。以 2012 年 ImageNet 大规模物体识别挑战赛(ImageNet Large Scale Visual Recognition Challenge，ILSVRC)冠军网络 AlexNet[2] 为例，其计算量最大的卷积层达到 448MOP(百万次操作(Million Operation，MOP))，计算量最小的卷积层也达到 150MOP。而访存量最大的卷积层达到 2MB 以上，访存量最小的卷积层也接近 1MB。

第三，神经网络数据结构与底层硬件存储结构之间存在巨大差异，前者到后者的映射所带来的能效损耗成为智能计算芯片架构设计面临的重要挑战。在深度神经网络中，卷积层的输入数据和权重数据都是一组三维张量，按卷积核大小的三维数据结构和卷积滑动步长顺序组织变量参与运算。然而硬件存储器一般采用一维线性排列的基本单元组成，因此，卷积层数据最终在存储器上都将转换成一维的线性存储模型进行存储，而且一维存储模型要求访存严格按照地址顺序，从头至尾进行查找访问。这种神经网络数据结构与硬件存储结构的差异造成内存访问 50%以上的微操作都是空操作，能耗损失较大。而且，每次只能对一个存储单元进行操作，导致神经网络的并行性难以发挥，限制了运算性能的提升。

第四，不同类型的神经网络基本层具有不同的计算特点，呈现多样化特征。以 2012 年 ILSVRC 竞赛冠军网络 AlexNet 为例，它由 5 个卷积层、3 个全连接层和 3 个池化层堆叠而成。表 3.1 统计了其各层的计算参数(单位：像素)、数据量以及计算量(单位：MOP)，其中各卷积层的计算量均高达几百兆次操作；全连接层计算量相对较小，为几兆到几十兆次操作，但数据量却很大，其中以权重数据量为甚，高达几十兆字节。此外，各层计算参数如卷积核大小、步长、输入输出特征图尺寸的变化多样。

表 3.1 AlexNet 层参数

层类型	核尺寸	步长	输入图尺寸	输出图尺寸	输入数据量	输出数据量	权重量	计算量
CONV1	11	4	(227,3)	(55,96)	309KB	581KB	0.07MB	211MOP
POOL1	3	2	(55,96)	(27,96)	581KB	140KB	—	—
CONV2	5	1	(27,96)	(27,256)	140KB	373KB	0.6MB	448MOP
POOL2	3	2	(27,256)	(13,256)	373KB	87KB	—	—
CONV3	3	1	(13,256)	(13,384)	87KB	130KB	1.8MB	299MOP
CONV4	3	1	(13,384)	(13,384)	130KB	130KB	1.3MB	224MOP
CONV5	3	1	(13,384)	(13,256)	130KB	87KB	0.9MB	150MOP
POOL3	3	2	(13,256)	(6,256)	87KB	18KB	—	—
FC1	1	1	(1,9216)	(1,4096)	18KB	8KB	75.5MB	75MOP
FC2	1	1	(1,4096)	(1,4096)	8KB	8KB	33.6MB	34MOP
FC3	1	1	(1,4096)	(1,1000)	8KB	2KB	8.2MB	8MOP
TOTAL	—	—	—	—	1.9MB	1.6MB	121.9MB	724MOP

图 3.4 也统计了卷积层、全连接层和递归层的计算量和参数量。从图中可以看到卷积层以计算为主，计算量可以达到 100MOP 以上，参数访存操作量相对较小，一般在 50MOP 以内，而全连接层和递归层则以参数访存操作为主，能达到 100MOP。

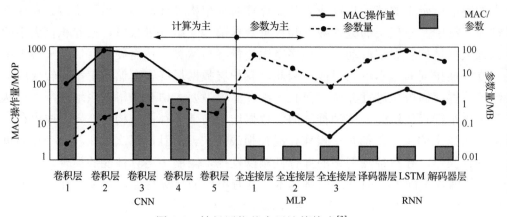

图 3.4 神经网络基本层计算特点[3]

3.3 智能计算的挑战现状分析

基于网络基本层的特点，从神经网络整体以及不同神经网络之间的差异着手，可以总结出智能计算所面临的挑战。

3.3.1 访存能力

目前的深度神经网络类智能计算高度依赖海量的数据，然而运算单元与内存之间的性能差距越来越大，内存子系统已经成为芯片整体处理能力提高的障碍，也就是通常所说的"内存墙"。而神经网络的数据密集型工作负载，需要大量的存储和各层次存储器间的数据搬移，导致"内存墙"问题更加突出。因此，如何缓解计算单元和存储器之间的差距，已经成为目前学术界和工业界无法回避的主要挑战。

进一步地，为了在智能任务中获得足够高的精度，神经网络需要大量的网络层，而且每一层的数据访问量都很大。例如，卷积层需要大量多通道的卷积核，再加上卷积层内滑窗式的卷积运算使得相同位置的数据需要多次重复参与运算，且参与运算的时间不连续，导致访存量激增，而全连接层的权重矩阵尺寸与输入特征图尺寸相同，需要的数据访问量也很大。AlexNet 拥有的参数量达到 6000 万个，约 228MB；VGG16 拥有 1.3 亿个参数，约 527MOP；而 Google NMT 神经网络含有 37 亿个参数，约 13GB。

如此巨大的参数量不仅需要巨大的存储容量，而且必须进行高效访问。因此，对内存数量、访存带宽和内存管理方法都有很高要求，这些对于智能计算芯片来说都是巨大挑战。

3.3.2 功耗控制

在智能计算过程中，由于参数量过于庞大，拥有有限空间的片上静态随机存取存储器(Static Random Access Memory，SRAM)(以几百 KB 为例)无法全部存储，绝大部分数据被存入片外动态随机存取存储器(Dynamic Random Access Memory，DRAM)，造成了频繁的存储器访问(简称访存)。相关研究结果表明，神经网络中数据访存造成的功耗甚至超过了计算[4]。表 3.2 展示了商用 65nm 制程下，不同级别的数据访存操作相对于一个乘累加操作的相对功耗[4]。其中，最靠近计算单元的局部寄存器(Register File，RF)的功耗最低，与乘累加操作相当，而最远的片外 DRAM 的功耗则高达乘累加操作的 200 倍。因此，理论上，让数据尽可能多地在靠近计算单元的地方停留并被多次重用，才能减少数据访存的功耗。当然，各级存储空间会受到成本和面积的约束，这就需要进行权衡折中，精心设计智能计算芯片的硬件架构和数据流。因此，如何解决大规模数据访存带来的功耗问题是智能计算需要解决的重点和难点。

表 3.2 在商用 65nm 制程下，各种级别的数据访存操作相对于一个乘累加操作的相对功耗[4]

功耗类型	DRAM	全局缓存 (>100KB)	阵列 (处理单元 (Processing Element, PE) 间传数) (1~2mm)	RF (2.5KB)
相对功耗	200 倍	6 倍	2 倍	1 倍

3.3.3 架构通用性

为了提高精度，神经网络正朝着层次更深、拓扑连接更复杂和网络混合更丰富的方向快速演进，神经网络层与层间及不同类型网络间的差异性不断加大。如图 3.5 所示，神经网络深度已经从十几层 (如 VGG16/19) 发展到上百层，甚至上千层；以 GoogLeNet 和 ResNet 为代表的网络中出现了 Inception 和残差计算等复杂的多层连接拓扑结构；此外，还有卷积神经层、全连接层和循环层等不同类型网络组合构成类似的多模态网络 (如 LRCN)，以实现更复杂的智能任务。因此，适用于高效处理不同神经网络的硬件互连结构、基础计算部件都存在较大差异，与之匹配的硬件架构需求也截然不同。例如，针对卷积神经网络的加速架构，在执行长短期记忆网络 (Long Short-Term Memory, LSTM) 模型时并行利用率可能还不到 20%。即使是可重构的架构也难以摆脱硬件固有的固化性，其架构可重构的空间也是有限的，所以在架构设计时如何解决智能计算芯片的通用性问题也是智能计算的重要挑战之一。

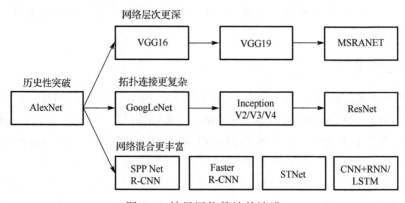

图 3.5 神经网络算法的演进

明确定位计算芯片的应用范围，合理缩小设计的通用性目标是有效的解决方法之一，如定位为专门加速某一种网络，或是适用于图像识别、语音识别等场景中的多种常用网络。在设计过程中，则需要调研应用范围内网络的共性和差异，在设计的时候保证计算芯片既能满足对不同情况的兼容性，又能够利用共性来改善芯片的性能、面积和能效。针对同一神经网络内部，不同层的差异，则需要考虑如何设计合适的计算芯片结构和合理的映射机制，以有效地调度网络计算、分配硬件资源，减少计算单元和数据传输资源空置的时间，保证在执行神经网络的时候，始终能有效地利用硬件资源。此外，还需要考虑网络是否会存在不同分支或者资源利用倾向差异很大的不同成分，根据这些特点做好相应的优化工作，避免执行过程中网络计算量和数据传输量剧烈变化造成的资源浪费。

3.3.4 稀疏性

在神经网络中，很多因素都可以带来网络的稀疏性，例如，权重矩阵本身的稀疏性、ReLU 等函数带来的激活值的稀疏性等。统计表明，LeNet、AlexNet、VGG 等经典网络的稀疏性可以达到 90% 左右(也就是 90% 左右的权重值为 0)。如果这些稀疏性能够得到有效的利用，神经网络的能效在理论上能够显著地提高。然而稀疏化会导致非规则性，为了匹配硬件运算把稀疏化网络进行规则化(如补 0)又可能会抹杀稀疏化的收益，这就产生了矛盾，导致执行性能并没有获得相应提升。

图 3.6 给出了传统的 CPU、GPU 以及典型的专用集成电路(Application-Specific Integrated Circuit，ASIC)加速器 DianNao[5] 分别执行 LeNet、AlexNet、VGG 这三种稀疏化网络所需的执行时间与执行原始网络的对比情况。由于 CPU、GPU 乃至 ASIC 加速器都没有针对稀疏性有效地降低计算和存储代价，它们在执行性能上都没有获得相应的提升。其中，CPU 执行稀疏化网络的时间比起原始网络反而更长了，平均是 211.45%。GPU 取得了平均 23.34% 的性能提升，但还是远远不及稀疏化的程度。DianNao 的提升非常微弱，主要是因为 DianNao 在执行稀疏网络时，将原本已经被剪除的部分又补上了 0，增加了无意义的计算，导致实际的计算量没有变化。因此，如何有效地利用稀疏化的优点，提高智能计算的性能和能效，也是设计智能计算芯片的重要挑战之一。

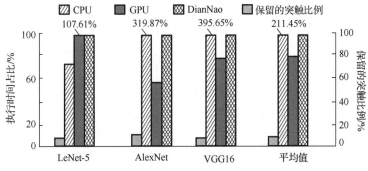

图 3.6　CPU、GPU、DianNao[5] 上稀疏化神经网络的加速比[6]

3.3.5　混合精度计算

随着低功耗和性能需求不断提高，神经网络逐渐从过去只支持全精度(32bit 浮点)运算向支持 16bit、8bit、4bit 甚至三值化[7]、二值化[8,9]等多种低精度运算扩展。由于神经网络本身具有一定的冗余性，再经过算法研究人员的精心设计，低精度化的神经网络能够在保证准确率不变或者准确率损失很小的前提下，极大地减少计算和存储负担，降低功耗。而且对一些应用来说，降低精度的设计不仅加速了推断(也可能是训练)，甚至可能更符合神经形态计算的特征。近期研究成果已经证明，对于深度神经网络的某些层，使用尽可能低的精度(如二值数据−1 和 +1)就足以达到预期效果，同时可以节省大量内存和降低能量消耗。因此，低精度设计已经成为智能计算芯片的一个趋势，在只针对推理应用的芯片中更加明显。

在低精度化的趋势之下，对于卷积神经网络、全连接神经网络和循环神经网络等网络，其网络各层适宜的精度也不同。如果仍然采用传统的固定位宽的基本计算单元设计，虽然可以极大地简化设计复杂性，但是这样的设计存在灵活性不足的天生缺陷，要么位数不足导致无法接受的错误，要么位数太多导致浪费存储、带宽及功耗。因此，如何灵活而高效地支持不同网络及同一网络内不同部分对于位宽精度的多样化需求，也是智能计算芯片设计的重要挑战之一。

3.4　智能计算平台现状

智能计算目前常用的平台分为通用处理器、专用处理器和可重构处理器三大类。

通用处理器主要包括 CPU 和 GPU，它们都是基于冯·诺依曼体系结构的指令集处理器，受控制流驱动，具有很强的功能灵活性和使用便利性；采用运算与存储分离的结构，为计算机的通用性奠定了基础。因此，迄今为止，以冯·诺依曼体系结构为基础设计的通用处理器仍然主导现代计算芯片的发展。

应用于智能计算的通用处理器通常采用单指令多数据流(Single Instruction Multiple Data，SIMD)技术集中控制计算单元来达到显著提升计算并行度的目的，非常契合智能计算中张量卷积这样的大规模并行计算应用需求。因此，CPU 和 GPU 等通用处理平台被广泛用作神经网络硬件加速平台。

2012 年，人工智能和机器学习领域最权威的学者之一 Andrew Ng(吴恩达)和分布式系统顶级专家 Jeff Dean 联手打造的 Google Brain 项目，用包含 16000 个 CPU 核的并行计算平台训练超过 10 亿个神经元的深度神经网络，这是当时世界上最大的深度神经网络。与 CPU 相比，GPU 在应对大规模并行运算时更有优势。通常情况下，GPU 采用与 CPU 协同工作的方式，从算法代码中提取计算密集部

分，加载到 GPU 上进行加速处理。目前先进的 GPU 处理器架构都具有上千个
SIMD 处理计算单元，相较于 CPU 较少的核数与线程数，一般可提供 1～2 个数
量级的加速效果。由于 GPU 适用于大规模并行运算的特点，再加上 GPU 巨头
NVIDIA 不断改进硬件架构和编程模型，工业界与学术界越来越多地将 GPU 应用
于智能计算。2012 年的 ImageNet 挑战赛上，只有四支参赛队使用了 GPU，而到
了 2014 年，几乎所有参赛队都使用了 GPU。直到现在仍有大量企业和研究机构
使用 GPU 进行智能计算。

　　然而，基于冯·诺依曼体系结构的通用处理器在智能计算应用中遭遇了以下
问题。

　　第一，控制流驱动的时域计算架构，为完成核心的"执行"运算，需要大量
的辅助性工作，如"取指""译码""寄存器访问"和"数据回写"等，极大地
限制了处理的性能，浪费了能耗。

　　第二，存储与运算分离的计算架构下，冯·诺依曼架构的处理器执行命令必
须先从外部存储单元中读取数据，执行完成后必须写回数据，对于智能计算这样
访存量巨大的应用，存算分离架构中的频繁数据交换导致大量(据统计，约 80%)
功耗浪费在总线上，同时也严重地制约了神经网络处理的速度。此外，存储器的存
取速度远低于处理器的运算速度，也严重限制了神经网络处理的并行性。

　　第三，冯·诺依曼架构的计算机采用固定位宽的运算单元设计，无法灵活高
效地支持智能计算的多精度协同运算需求。

　　第四，智能计算采用三维张量数据结构进行卷积运算，映射到冯·诺依曼机
的一维线性存储器上，访存效率低，将导致极大的性能和能耗损失。

　　目前，基于冯·诺伊曼体系结构的 CPU 和 GPU 已经不再是智能计算的唯一
选择，专用处理器和现场可编程门阵列(Field-Programmable Gate Array，FPGA)开始
越来越多地在神经网络加速处理应用领域崭露头角。2016～2017 年，Facebook、微
软、亚马逊 AWS、腾讯云、阿里云等，纷纷发布了基于 FPGA 的云计算服务。2017
年以来，智能计算专用处理器成为学术界和工业界的研发热点，例如，谷歌发布
了专为智能计算打造的 ASIC——TPU(Tensor Processing Unit)，用于加速其人工
智能系统的运行，效率也显著超过 GPU。

　　智能计算专用处理器主要是指专门针对智能计算、基于 ASIC 方式设计的定制处
理器。这类处理器专门针对特定类型的计算任务采用专用硬件电路实现，能够以很
低的功耗(低至毫瓦级)实现高能效(100～1000GOP[①]/W)计算，因此对于网络模型
算法和应用需求相对固定的场景，ASIC 确实是理想的选择。即使是通用 GPU 巨头

---

① GOP(Giga Operation)表示吉次操作。

NVIDIA，也在其最新的产品里增加了专门用于张量和矩阵运算的 Tensor Core。

谷歌对其数据中心处理过的神经网络任务进行分析，提取出 6 个神经网络（每种类型各有 2 个），它们占了数据中心推理（Inference）95%的工作量[10]。谷歌使用屋顶线模型（Roofline Model）对这些神经网络分别在 CPU、GPU 和 TPU 上执行的性能进行对比，如图 3.7 所示。其中，纵坐标是性能，单位是万亿次操作/秒；横坐标是计算密集度，单位是乘累加计算次数/权重字节。横纵坐标都是对数坐标。蓝色、红色、黄色的线分别对应于 TPU、GPU、CPU。水平方向的线代表各个平台理论上的峰值性能，斜方向的线则代表它们的带宽约束。对于每一种平台，实际运行结果点只可能出现在两条线组成的屋顶线围起来的下方区域。越靠近上方的点，其性能越高；在同一水平线上，越靠近右边的点，越节省带宽。图 3.7 中标出来的各个点是各平台执行 6 个神经网络的结果。五角星、三角形、圆形分别对应于 TPU、GPU、CPU。可以看到，TPU 执行 6 个神经网络的点都处于另外两种平台的屋顶线之上，并且大都有不少的差距，这说明 TPU 的性能远远甩开了另外两种平台（谷歌给出的数据是，TPU 的加权平均性能是 GPU 的 15.3 倍）[10]。上面的结果充分说明，对于特点鲜明的智能计算，采用通用计算平台难以取得令人满意的性能结果，设计专用的计算芯片才能满足神经网络应用中的性能需求。在低功耗应用方面也是如此。

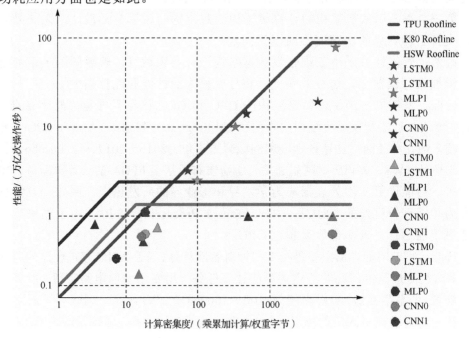

图 3.7　Intel Haswell CPU、NVIDIA K80 GPU、TPU 的性能对比（见彩图）

（五角星-TPU，三角形-K80，圆形-Haswell）[10]

　　虽然专用处理器在性能、功耗和能效方面具有明显优势,但是其通用性受限,往往只支持固定的一种计算模式,很难根据神经网络结构的不同和执行目标的不同来改变其计算架构。然而重新设计一款基于 ASIC 的专用处理器需要经历架构设计、寄存器传输级(Register Transfer Level,RTL)实现、仿真验证、流片生产、测试等一系列繁复而耗时的环节,其上市周期通常在一年左右,根本无法适应当下神经网络算法仅为 6~8 个月的快速演进周期。

　　基于可重构器件实现的神经网络加速处理器对通用处理器平台和基于 ASIC 的专用处理器进行了折中。这一类处理器包含 FPGA 和粗粒度可重构阵列(Coarse Grained Reconfigurable Architecture,CGRA),具有硬件可编程能力。FPGA 提供细粒度的可编程硬件逻辑计算和存储单元,可以方便研究者根据算法需求定制化地设计处理器计算通路结构,通过静态全局重构的方式实现在同一块处理器上不同算法的硬件实现,通常 FPGA 芯片能够将工作功耗控制在 2~30W,能效比控制在 10~100GOP/W 范围。CGRA 则是将计算部分集成为可配置的 PE,通过配置信息来改变 PE 及存储器彼此之间的连接,从而实现对硬件结构的动态配置。由于 CGRA 固化了 PE 内部的硬件电路,减少了其互连配置的额外成本,与 FPGA 相比,其能效更接近 ASIC,功耗则可以控制在毫瓦级别。

　　通常而言,基于 ASIC 和可重构器件设计的神经网络处理器都能满足研究者针对算法特性进行定制化硬件设计的需求,这一设计过程称为神经网络加速器的结构设计。神经网络加速器的片上资源相对于当前流行的神经网络模型十分有限,因此如何将神经网络模型有效地映射到硬件上执行,需要在软硬件两个方面的设计上都进行特殊的优化。软件算法层面,通过简化网络模型,可以大幅度降低模型所需的计算操作数和复杂度,减轻硬件执行的压力,主要的优化方法包括数据量化缩减位宽、模型修剪稀疏化、矩阵变换减少操作数等方式;硬件设计层面,通过循环变换、数据复用等数据流优化手段,可以有效地减少计算执行过程中的访存成本,提升计算通路的吞吐带宽和计算效率。

　　如图 3.8 所示,相比较而言,上述智能计算平台中,通用处理器具有最高的灵活性和最低的能效,ASIC 与之相反,而可重构处理器在两者之间进行了一定的权衡和折中。总的来讲,现有的通用计算器件,包括 CPU、GPU 和 FPGA,尽管已经较广泛地应用于智能计算,但是功耗和能效都不够理想。基于 CPU 构建的 Intel Xeon E5 运行 AlexNet 需要 254.5ms,功耗为 80W,能效仅为 0.07GOP/W。基于 GPU 构建的 NVIDIA K40 运行 AlexNet 虽然仅需要 7.1ms,但是其功耗高达 235W,能效仅为 0.87GOP/W。虽然 FPGA 有计算能力更强的 DSP 单元和更低的功耗,能够获得比 CPU 和 GPU 更高的能效,但由于它的可编程粒度太细,重构时间和能耗开销较大,且没有专门针对神经网络设计的逻辑单元,不能灵活地根据不同神经网络类型和结构进行动态资源重构，导致其应用于智能计算时，能效依然受限。以 Virtex VX485t[11]为例，其运行 AlexNet 的卷积层需要 21.61ms，功耗为 18.61W，能效为 3.3GOP/W。

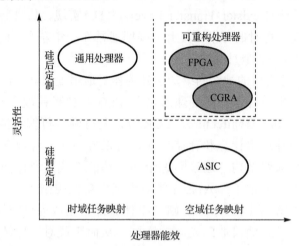

图 3.8　智能计算平台能效和灵活性的权衡

直面智能计算的各种挑战，开发专用于深度神经网络的高能效智能计算芯片已经成为国际学术界、工业界的共识。

参 考 文 献

[1] Cong J, Xiao B. Minimizing computation in convolutional neural networks[C]// International Conference on Artificial Neural Networks. Hamburg: Springer, 2014: 281-290.

[2] Krizhevsky A, Sutskever I, Hinton G E. ImageNet classification with deep convolutional neural networks[C]// International Conference on Neural Information Processing Systems. Lake Tahoe: Curran Associates Inc., 2012:1097-1105.

[3] Shin D , Lee J. DNPU: An energy-efficient deep-learning processor with heterogeneous multi-core architecture[J]. IEEE Micro, 2018, 38(5):85-93.

[4] Chen Y H, Krishna T, Emer J S, et al. Eyeriss: An energy-efficient reconfigurable accelerator for deep convolutional neural networks[J]. IEEE Journal of Solid-State Circuits, 2017, 52(1):127-138.

[5] Chen T, Du Z, Sun N, et al. DianNao: A small-footprint high-throughput accelerator for ubiquitous machine-learning[J]. ACM Sigplan Notices, 2014, 49(4):269-284.

[6] Zhang S, Du Z, Zhang L, et al. Cambricon-X: An accelerator for sparse neural networks[C].

IEEE/ACM 49th International Symposium on Microarchitecture, Taipei, 2016:1-12.

[7] Wen W, Xu C, Yan F, et al. TernGrad: Ternary gradients to reduce communication in distributed deep learning[J]. Advances in Neural Information Processing Systems, 2017, 30: 1509-1519.

[8] Courbariaux M, Bengio Y, David J P. Binary connect: Training deep neural networks with binary weights during propagations[J]. Advances in Neural Information Processing Systems, 2015, 28: 3123-3131.

[9] Courbariaux M, Hubara I, Soudry D, et al. Binarized neural networks: Training deep neural networks with weights and activations constrained to +1 or −1[J]. arXiv preprint arXiv: 1602.02830v3, 2016.

[10] Jouppi N P, Young C, Patil N, et al. In-datacenter performance analysis of a tensor processing unit[C]. The 44th Annual International Symposium on Computer Architecture (ISCA), Toronto, 2017:1-12.

[11] Zhang C, Li P, Sun G, et al. Optimizing FPGA-based accelerator design for deep convolutional neural networks[C]// International Symposium on Field-Programmable Gate Arrays. Monterey: ACM, 2015:161-170.

第 4 章　人工智能芯片架构设计

2010 年，法国科学家 Temam 在计算机体系结构顶级会议 ISCA'10 上发表主题演讲 *The rebirth of neural networks*[1]，阐述了神经网络在通用计算和专用计算的各个领域可能给硬件设计带来的重大影响。自此人工智能芯片的设计进入了高速发展期，成为计算机体系结构和集成电路设计领域的一个重要研究方向。

2010 年至今，从互联网到物联网，智能产品呈井喷式发展，对人工智能芯片的要求也在不断提高。不仅要求芯片在满足各种终端设备对功耗的严苛要求的同时提供高精度、高算力，而且要求芯片具有灵活性，即通过配置或者编程，适应不同的深度神经网络结构，包括网络层、卷积核、通道数量的不同、每一层网络形状、层间互连以及卷积核尺寸的差异等，以应对应用需求的多样化和深度学习算法的飞速演进。对于边缘计算型人工智能芯片，必须考虑的关键指标还包括成本，即硬件代价。

本章将围绕精确度、能耗、吞吐率、成本、灵活性等关键指标，对现有的人工智能芯片架构进行分析，并讨论有助于进一步优化人工智能芯片的新方法，同时给出实验评估结果。

4.1　研　究　现　状

根据第 3 章给出的神经网络层数学模型，可以看到智能计算主要是大量的线性代数运算，典型的如张量处理，而控制流程则相对简单，非常适合采用并行计算范式来提高性能。因此，人工智能芯片架构通常采用高度并行的计算架构，主要包括图 4.1 所示的时域计算架构和空域计算架构[2]。

4.1.1　时域计算架构

时域计算架构通常是指采用专门针对神经网络算法定制指令集的专用处理器（Application Specific Instruction-set Processor，ASIP）架构。如图 4.1(a)所示，它基于指令流对计算资源算术逻辑单元（Arithmetic Logic Unit，ALU）和存储资

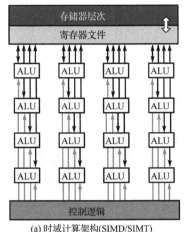
(a) 时域计算架构(SIMD/SIMT)

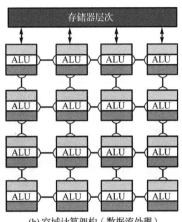
(b) 空域计算架构（数据流处理）

图 4.1　时域和空域计算架构[2]

源进行集中控制，每个 ALU 都从集中式存储系统获取运算数据，并向其写回运算结果。时域计算架构在人工智能芯片领域的应用研究主要集中在神经网络处理器发展的早期，学者更多关注的是人工智能硬件在功能上能否支持目标应用场景。当时应用最广泛的通用处理器都是标量处理器，只提供简单计算的指令，如乘法或加法，且每条指令只能进行标量运算。即使主频高达千兆赫兹的 CPU，仍然需要很长时间才能通过一系列标量运算来完成大型张量和矩阵的计算。因此，要使得通用处理器更有效地适用于人工智能应用，最直接的改进思路就是让一条指令同时针对多个数据元素执行相同的操作。时域并行计算架构正是符合这一改进思路的最佳架构。此外，GPU 的流处理器本身就是一种高效的向量处理器，在单个时钟周期内，可以处理数百到数千次运算。因此，时域计算架构主要出现在应用于人工智能应用的 CPU 或 GPU 中。随着时间的推进，学者也开始关注时域计算架构本身的进一步优化，这个时期出现了两个典型的代表性设计。

其一是 Cadence 公司的 Vision C5 DSP[3]，其整体架构如图 4.2 所示。其主要目标是，解决在神经网络处理过程中，传统神经网络处理器由于只能完成卷积加速，需要其他处理器辅助完成其他运算，从而在处理器之间来回搬移数据而导致的能效受限问题。C5 基于 SIMD VLIW 体系结构设计，支持卷积、全连接、池化等全连接神经网络处理功能，能够在不到 $1mm^2$ 的芯片面积上实现 $1TMAC/s$[①] 的计算能力。基于业界知名的 AlexNet CNN 基准测试集，Vision C5 DSP 的计算速度较 2017 年业界的 GPU 最快提高 6 倍；基于 Inception V3 CNN 基准测试集，则可达到 9 倍的性能提升效果。

---

① TMAC/s 表示太次乘累加操作/秒。

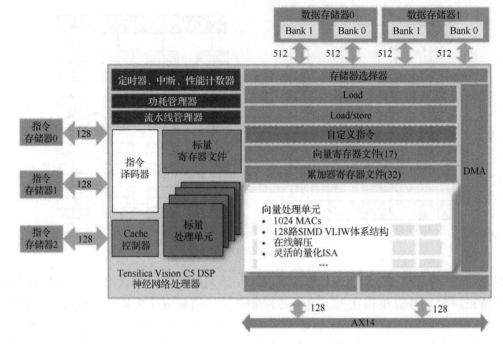

图 4.2　Tensilica Vision C5 DSP 的整体架构

　　另一典型代表是中国科学院计算技术研究所的 DianNao 系列神经网络加速器[4]。该系列的首款芯片——DianNao 于 2014 年设计完成，支持大规模 CNN 等深度神经网络的加速处理，是世界上最早的面向人工智能领域专用计算的神经网络加速器。DianNao 系列的其他芯片均以 DianNao 的计算架构为基础，在功能多样性、配置灵活性及数据复用等方面持续升级，因此，这里着重介绍 DianNao 的整体架构。如图 4.3 所示，它由三部分组成，即完成人工智能运算的核心——神经功能单元(Neural Functional Unit，NFU)、用于存储输入输出数据与网络参数的缓存(NBin、NBout、SB)以及控制器。NFU 和存储器在指令流驱动下受控制器的统一组织调度。其运算核心 NFU 按照卷积运算流程进行三级流水化设计，划分为乘法功能段 NFU1、加法功能段 NFU2 以及非线性激活函数功能段 NFU3。作为一款 ASIC 型的神经网络专用处理器，DianNao 针对特定类型的 CNN 计算定制计算单元和数据通路设计，结构简明精练，与需求紧密贴合，能够获得比通用处理器更高的能效：相比于 128bit 的 SIMD 处理器可达到 117.87 倍的加速和 21.08 倍的能耗降低的效果。

　　从上面介绍的两种典型设计可以看到，时域计算架构的计算单元配置虽然非常灵活，但是每一步操作都需要精确的指令来控制存储器访问和具体计算单元的操作类型，而且集中式存储设计导致架构与片外存储交互频繁，因此性能和能效受限。

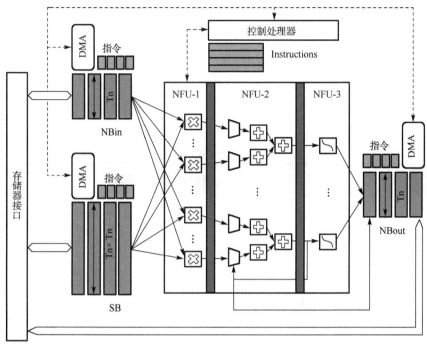

图 4.3　DianNao 的整体架构[5]

4.1.2　空域计算架构

空域计算架构如图 4.1(b)所示,其每个 ALU 都具有独立的控制逻辑,并可以带本地存储器,如本地缓存或者寄存器文件。带有本地存储器的 ALU 通常称为计算单元 PE。整个架构采用数据流控制,即所有 ALU 形成处理链关系,数据直接在 ALU 之间传递。

2016 年,MIT 设计的 Eyeriss[6]是采用空域计算架构设计的典型代表之一。如图 4.4 所示,它基于 1 个 12×14 的 PE 阵列构建,每个 PE 内部自带控制器和本地存储器,整个架构不仅设计了由 PE 本地寄存器、片上全局缓存、片外 DRAM 等访问代价不同的存储层次构成的多级存储系统,而且 PE 之间也可以直接传递数据。在计算过程中,Eyeriss 采用一种新提出的行固定(Row Stationary,RS)[6]的数据流来大幅提升片内数据复用率。图 4.5 给出了一种基于 RS 数据流在二维空域计算阵列中联合多个 PE 共同完成 1 个二维卷积计算的例子。这个例子中的 3×3 的卷积核分为 3 行分别映射到同一列的 3 个 PE 中,与流过 PE 的输入特征数据行相乘,每个 PE 得到的乘积与下一行传来的部分和累加后再直接传给上一行的 PE 进行累加,最终得到这一行的输出累加和。在整个的计算过程中,权重数据及部分和数据都不需要与全局缓存交互,同时实现了权重数据和输出数据的重用。由此可以看到，与其他数据复用模式相比，行固定模式的优点在于它能够最大化卷积计算中所有数据(权重数据、输入数据及输出数据)的重用，而不是其中的某一种，因此与单一类型的数据复用模式相比，能够更好地利用低成本存储访问来提升能效。根据实验数据显示，Eyeriss 将智能计算的整体能效较传统方法提升了 10 倍，使得在移动设备上执行自然语言处理和面部识别等复杂的智能计算任务成为可能，推动了人工智能边缘计算处理器研发的热潮。

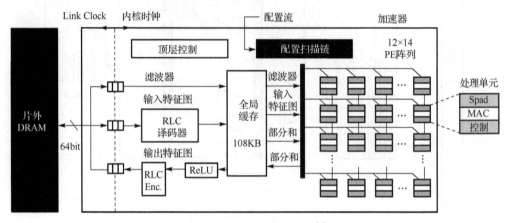

图 4.4　Eyeriss 整体架构[6]

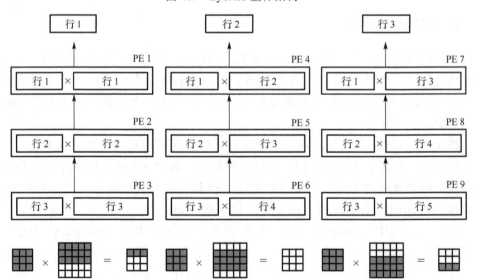

图 4.5　空域计算阵列中行固定的二维卷积数据复用[6]

另一个采用空域计算架构的典型代表作是比利时鲁汶大学于 2017 设计的ENVISION[7]架构，这是一种用于低功耗卷积神经网络、精度可扩展的计算架构。

如图 4.6 所示，ENVISION 主要包含一个专用于控制的 16bit RISC 核，一个专用于 ReLU 和池化操作的一维 SIMD 处理单元，以及一个专门处理卷积层和全连接层操作的二维 SIMD MAC 阵列。针对这样的结构，ENVISION 提高能效的策略包括三个方面：一是优化核心部件——MAC 的设计，ENVISION 设计了电压-精度-频率可动态缩放(Dynamic-Voltage-Accuracy-Frequency Scaling, DVAFS)的 MAC 阵列，支持通过逐层调制 MAC 阵列中的计算精度和电源电压来最小化能量消耗；二是通过挖掘 CNN/DNN 内在的并行性和数据重用性来提高 MAC 阵列的数据效率；三是针对神经网络具有大量冗余信息且模型具有容错性的特点，采用稀疏化的网络压缩技术，移除不必要的乘加计算来减少计算量和访存量，并在硬件上提供稀疏化计算支持，提高了神经网络的硬件执行效率。ENVISION 的最高峰值能效比都可达到 10TOP/W[①]。

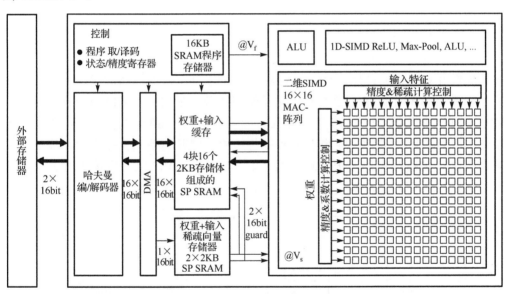

图 4.6　ENVISION 整体架构[7]

谷歌公司于 2016 年推出的 ASIC 型云端神经网络加速器 TPU(Tensor Processing Unit)[8]也是空域计算架构的典型代表之一。同年击败李世石的围棋机器人 AlphaGo 就在谷歌云上使用了 50 个 TPU 进行计算。图 4.7 给出了 TPU 的模块结构图，它以 256×256 个 MAC 组成二维矩阵乘法阵列为运算核心。为了支持推理运算过程，减少与主机 CPU 的交互，提高性能和能效，内部还集成了归一化/池化单元和完成非线性激活操作的激活单元。二维矩阵乘法阵列的输入缓存总共 24MB，包括权重

---

① TOP/W 表示太次操作/瓦。

缓存和提供输入特征数据的统一缓存，其输出由图中标记为累加器的 6MB 输出
缓存接收。加上用于与主控处理器进行对接的缓存，片上缓存总共占芯片面积的
37%，如此大规模片上缓存的使用有效减少了 TPU 与片外内存交互，对于提升整
体性能和能效都非常有利。在核心运算单元的设计方面，TPU 的二维矩阵乘法阵
列按照脉动阵列(Systolic Array)方式互连并完成计算，如图 4.8 所示，将阵列中
的所有 ALU 串联起来，在每一串 ALU 中，只有第一个 ALU 能够直接从统一缓
存中读取数据，只有最后一个 ALU 直接将计算的部分和写入累加器，输入数据
在前一个 ALU 使用完以后按周期自动流入同一行的下一个 ALU，计算得到的部
分和则按同样的方式流入同一列的下一个 ALU。由于这种数据流结构中的数据像
血液在血管中脉动传输一样在阵列中按照一定的节奏传递计算，因此又称为脉动
结构(Systolic Architecture)。基于这种脉动数据流计算方式，输入数据与部分和
数据在 ALU 之间通过直接传递实现了复用，而权重数据固定在每个 ALU 的寄存
器中也实现了复用，由此 TPU 获得了智能计算中所有数据的最大化复用，不仅减
少了与片外存储的交互，也最小化了与片上本地缓存的数据交互，有效提升了 TPU
的整体性能和能效。此外，TPU 还针对低位宽运算带来的算法准确率损失很小的
特点，采用了 8bit 低精度运算来提升性能和能效。最终，与 CPU 和 GPU 相比，
TPU 在性能上获得 30 倍的提升，能效方面则获得 30～80 倍的提升。谷歌在 TPU
设计上取得的巨大成功，使得人工智能芯片的研究开始受到工业界的重视，成为
各大公司产品路线中的重要一环，微软、英特尔、NVIDIA、赛灵思等科技巨头
都陆续推出相关产品，人工智能芯片产品从此逐渐走向实用化。

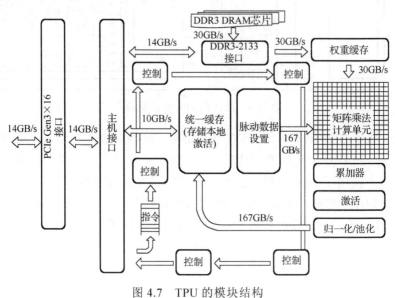

图 4.7　TPU 的模块结构

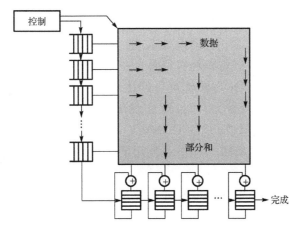

图 4.8　TPU 矩阵乘法阵列的脉动数据流

空域计算架构能够有效提高计算任务的执行性能，并控制能耗，但其缺少时间域上的可变性，使得其灵活性不足，应用范围受限。

4.2　现 状 分 析

作为目前产学研界关注的研究热点，除了前面介绍的几种典型设计之外，研究人员还提出了多种新型智能计算架构[9-15]，但普遍存在以下问题。

第一，已有的设计没有利用神经网络对于低位宽量化[16]的天然容错能力来提高计算能效。这种天然容错能力是指，在算法精度损失的限定范围内，有些层可以量化为低位宽。如表 4.1 所示，将 LRCN 的每一层的数据位宽分别量化为 9/8/8/8/9/8/8/8/8/8bit 时，与所有层量化为 16bit 相比，精度损失仅为 1.8%。

表 4.1　LRCN 网络的数据统计

神经网络	层编号	卷积网络：(K,S) 全连接网络/RNN：(I_{len}, O_{len})	层操作类型	MAC 运算量/兆次	权重/MB	特征输入/MB	操作密度/(兆次/MB)	位宽/bit	精度损失
ConvNet	1	(11, 4)	MAC Pooling ReLU	105.4	0.039	0.58	3011.4	9	1.8%
	2	(5, 1)		447.9	0.61	0.37	734.3	8	
	3	(3, 1)		149.5	0.88	0.13	196.9	8	
	4	(3, 1)		224.3	1.33	0.13	168.6	8	
	5	(3, 1)		149.5	1.00	0.09	150.2	9	
FCNet	6	(9216, 4096)	MAC ReLU	37.8	37.8	0.008	1.0	8	
	7	(4096, 4096)		16.8	16.8	0.008	1.0	8	
	8	(4096, 1000)		4.1	4.1	0.002	1.0	8	
RNN	9	(2024, 4096)	MAC,Tanh, ReLU,Sigmoid, Element-wise	8.29x 50 iterations	8.29	0.008	50.0	8	
	10	(2048, 4096)		8.39x 50 iterations	8.39	0.008	50.0	8	

第二，大部分优化集中在网络中的卷积层，限制了人工智能芯片的整体性能和能效。根据前面章节的分析，现代深度神经网络虽然以卷积层中的卷积运算为主，但也具有很多类型的非卷积运算，而且在总计算量中占据了较高比例。例如，在 LRCN 中，FCNet 和 RNN 占总计算量的比例达到 47.7%。因此，只加速卷积层，非卷积层将成为性能的瓶颈[9,17]。虽然目前有的设计也开始关注这方面的问题，如 DNPU 处理器[9]就可以同时加速 CONV 层和 RNN 层，但是，用于加速 CONV 层和 RNN 层的硬件资源是独立、不可复用的，这限制了其使用的灵活性、资源利用率和效率。

第三，通常设计为固定的计算模式。针对 ConvNet 层(计算密集型)与 FCNet/RNN 层(存储密集型)计算特点不同的问题，计算架构无法按需调整计算流来平衡不同网络层的计算和访存需求，从而降低了总体资源利用率，影响了性能和能效。

第四，存储系统通常采用固定的设计，无法按照不同网络层的特点调整访问模式和数据流支持。根据第 3 章的分析，同一网络的不同网络层计算参数(如卷积核大小、步长、输入输出特征图尺寸)变化多样，不仅在数据访问模式上具有很大的不同，而且在数据可重用性上也具有较大差异，例如，卷积层展现出高度的数据可重用性，在权重占用较小缓存空间的情况下，可以进行大量的 MAC 操作。相比之下，全连接层/循环层需要很多 MAC 操作，但权重数据无法复用。

4.3　多粒度可重构计算架构

为了更好地适应智能计算特点及需求，提升资源利用率和计算能效比，具有硬件重构能力的空域计算架构成为研究热点。在 2019 年国际固态电路会议 (ISSCC'19) 的大会报告中，Hoi-Jun Yoo 教授指出，2016 年至今，超过一半的人工智能芯片都采用了具有一定硬件重构能力的计算架构。这里以"多粒度可重构智能计算架构——Thinker[18]"为例，介绍面向智能计算的可重构架构的设计思想。该架构以"动态重构、数据驱动"为基本设计思路，支持核心运算部件、处理单元 PE、PE 阵列以及计算模式等四个层次/粒度的硬件动态重构，不仅可以高效支持卷积、全连接、RNN、池化等不同类型的神经网络层单独计算和并行计算，灵活支持各种复杂级联结构、混合精度网络运算，而且可以通过适配不同访存比，提高资源利用率，降低能耗。整个架构在灵活性、高能效、低功耗方面极具优势。

4.3.1　系统总体架构

Thinker 整体架构如图 4.9 所示，由运算模块、存储模块和控制模块构成，并以 2 块 16×16 个 PE 组成的可重构异构阵列为核心。缓存控制器(Buffer CTRL)管理两个 144KB 的 Multi-Bank 片上缓存为 PE 阵列提供数据。系统整体执行由有限状态控制器(Finite-state Controller)控制,通过可配置的 I/O 和解码器单元(Configurable I/O & Decoder)加载权重和配置信息。一个 1KB 共享权重缓存(Weight Buffer)和两个 16KB 本地缓存(Local Buffer)用来为 PE 阵列准备权重数据。

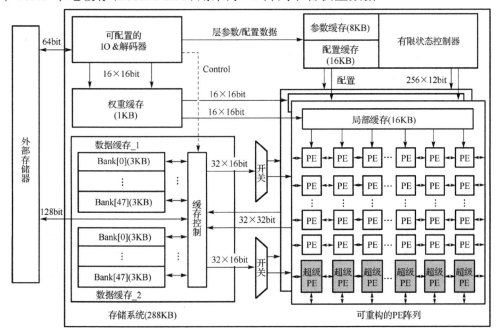

图 4.9 Thinker 整体架构[18]

在 Thinker 架构的 PE 阵列中,每个 PE 内部的核心运算部件——MAC 都支持位宽自适应;每个 PE 本身都支持多种不同类型的神经网络算子重构;PE 阵列还可以按需动态划分为不同功能的子阵列,以灵活高效地支持多种不同类型网络层的计算任务并行。此外,Thinker 架构还可以支持根据不同的网络结构重构计算模式,通过数据复用最大化使数据不必要搬移带来的性能以及功耗损失最小化,提升整体能效。

1. 位宽自适应 MAC

为了提高计算效率和资源利用率,可重构阵列内每个 PE 中的 MAC 都采用位宽自适应设计,包含两个 8×16bit 乘法器,支持根据配置字重构实现 8bit/16bit 两种混合精度运算。即当配置为 8bit 模式时,两个 8×16bit 乘法将并行处理。否则,两个乘法器组合为一个 16×16bit 乘法器,以支持 16bit 操作。根据配置,未使用的数据通路都采用时钟门控以降低功耗。

如图 4.10 上半部所示，当权重数据的位宽小于 8bit 时，来自不同卷积核或神经元的两个权重被拼接为一个 16bit 权重。高 8bit 部分和低 8bit 部分分别在两个乘法器上与相同的 16bit 输入数据相乘。每个乘法器的结果都表示为一个 25bit 字，其中包含一个保留位。然后将两个 25bit 结果拼接成一个 50bit 字，此时，配置字 s_{11} 为 0，选通拼接结果输出。在此模式下，由于两个操作在两个独立的乘法器上执行，输入数据中不需要保护间隔(Guard Band)。与赛灵思的 INT8 优化方法[19] 中需要至少 9bit 保护间隔来分离两个 8bit 乘法结果的设计相比，Thinker 的 MAC 设计在执行 8bit 乘法时具有更高的效率。

如图 4.10 下半部所示，当权重位宽大于 8bit 时，这两个乘法器组合为一个 16×16bit 乘法器。如图红线框中，来自两个乘法器的结果被送到移位和加法单元。将结果的高 25bit 移位 8bit，然后与低 25bit 的部分相加。此时配置字 s_{11} 为 1，选通移位相加结果输出。与 ENVISION 相比，Thinker 中的乘法器全部用于 8bit 模式或 16bit 模式，具有更高的资源利用率。

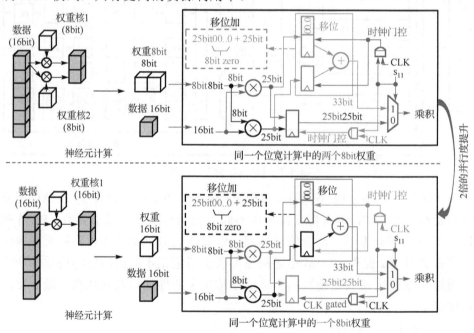

图 4.10　位宽自适应计算(见彩图)

2. 算子重构的 PE

Thinker 的可重构异构阵列中 PE 分为两种类型：通用 PE 和超级 PE。这两种类型的 PE 都支持算子重构。如图 4.11 所示，通用 PE 支持卷积层、全连接层和循环层的 MAC 运算，并由 5bit 控制字(s_1、s_3、s_6、s_7、s_{11})进行配置重构。超级

PE 由通用 PE 扩展而成，除了上述三种网络层的 MAC 运算以外，还支持另外 5 种类型的操作——池化、tanh、Sigmoid、标量乘法和加法以及 RNN 门控操作，由 12bit 控制字（$s_0 \sim s_{11}$）进行配置重构。为了减小可重构阵列中不同类型操作部件的平均未使用 PE 面积，提高资源利用率，除了超级 PE 中的 Pooling、Sigmoid 和 tanh 外，乘法器和加法器在几乎所有类型操作中都被重用。图 4.12 显示了超级 PE 所支持的四种主要操作类型的数据通路。

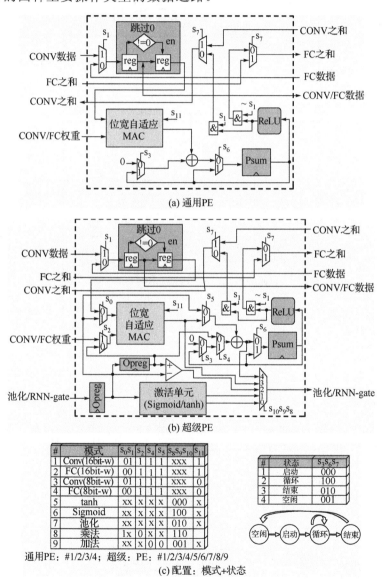

图 4.11　PE 结构（见彩图）

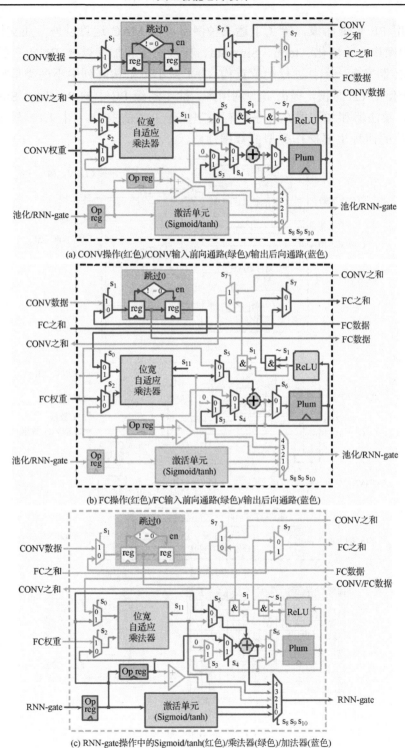

(a) CONV操作(红色)/CONV输入前向通路(绿色)/输出后向通路(蓝色)

(b) FC操作(红色)/FC输入前向通路(绿色)/输出后向通路(蓝色)

(c) RNN-gate操作中的Sigmoid/tanh(红色)/乘法器(绿色)/加法器(蓝色)

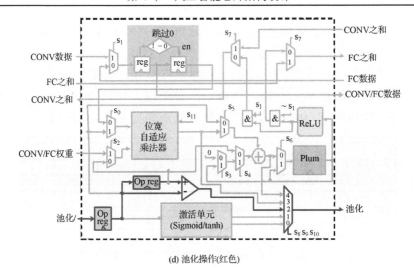

(d) 池化操作(红色)

图 4.12　不同类型操作的数据通路(见彩图)

　　每个阵列具有三组 I/O 端口,分别用于左侧、右侧和底部边缘的数据输入输出。输入特征数据加载到左/右边缘的 PE 上,并沿水平方向移动到阵列内部的 PE,而每个 PE 的输出值沿着相反方向移动到阵列的另一侧边缘。每列的权重总线用于向 16 个 PE 广播权重。

　　3. 片上存储系统

　　两个 144KB Multi-Bank SRAM 数据缓存(数据缓存 1 和数据缓存 2)用于存储网络层与层之间的中间数据,并支持数据重用。为了支持阵列划分(Array Partitioning, AP),每个数据缓存被分成用于 CONV 和 FC 子阵列的两个子缓存。在计算特定层期间,一个子缓存向阵列提供输入数据,另一个子缓存接收来自阵列的输出数据。对于下一层,两个子缓存交换功能。每个缓存中有 48 个 Bank(内存块),因此最多可以为 PE 阵列并行提供 48 个 16bit 数据。每个 Bank 都以“乒-乓”方式工作。通过这种机制,PE 阵列、片上缓存之间的数据交换将与片上缓存、片外 DRAM 之间的数据预取同时发生,从而实现片外访存延时的部分掩盖,提高计算的整体性能。缓存控制器用于管理片上缓存的数据访问和数据组织。

　　一个 1KB 的片内共享权重缓存负责从片外存储器接收权重数据并按计算模式需求转发给两个 16KB 的阵列内局部缓存,计算过程中两个局部缓存用于权重的复用,并为 2 个 PE 阵列的 16 列 PE 并行提供 16 个权重。

　　4. 有限状态控制器

　　如图 4.13 所示,Thinker 中的有限状态控制器从三个层次分别配置 Thinker 处理器：PE 阵列、网络层和 PE 单元。其中，PE 阵列的配置参数，简称阵列参数，是一个 66bit 的字，主要包含 PE 阵列划分参数、批次大小（Batch Size，BS）、神经网络层数以及网络层参数的基地址；网络层参数用于控制一个特定神经网络层的处理，包含输入数据和权重的内存地址，卷积核尺寸以及输出特征通道数等；PE 配置字直接控制每个 PE 中的开关功能，从而确定其实际的逻辑功能。

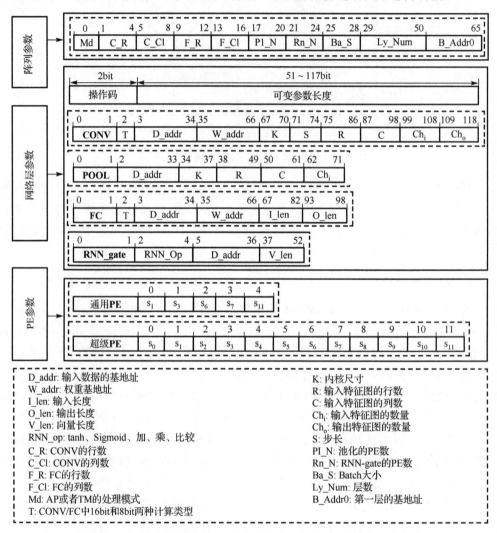

图 4.13　三级配置层次结构：阵列参数、网络层参数和 PE 参数

在运行时，有限状态控制器首先读取参数缓存中的阵列参数和网络层参数。然后控制器通过解码这些参数来识别每个 PE 的功能，并在配置缓存中选择相应的配置字。最后，每个 PE 配置字在 PE 阵列和配置缓存之间进行点对点发送。这

种 PE 阵列与配置缓存之间的点对点连接可以保证在一个周期内完成两个阵列的配置，提高了阵列的重构效率。

　　5. I/O 和解码器

　　权重和配置通过可配置的 I/O 端口进行加载。为了利用稀疏性，权重通过两符号哈夫曼编码进行压缩，并由解码器单元进行解码。为了灵活支持不同长度的网络层参数，解码器首先读取指示网络层类型的最高两位，然后加载相应长度的字。输入和输出数据直接在片上缓存和外部存储器之间传输。为了适应缓存容量大小，输入数据将被分块。

4.3.2　计算数据流

　　在 PE 阵列中，输出点的计算固定在各自的 PE 上，重用权重以及在垂直和水平方向的输入特征点(也称为输出固定数据流)。

　　如图 4.14(a)所示，对于卷积操作，输入数据通过左侧 I/O 端口从片上缓存加载到最左边的 PE 列。在每个时钟周期内，这些数据通过正向路径移动到右侧相邻 PE。一列中的 PE 并行计算相同输出特征图的不同点，并且不同列的 PE 被分配计算各自的输出特征图。当一个输出特征点完成计算后，结果通过反向路径从右向左移动，最后通过左侧 I/O 端口发送到片上缓存。这样，阵列内部就不需要添加额外的 I/O 端口。在一个三维卷积核的计算过程中，数据移动造成的额外开销最多为 30 个时钟周期，即最右侧的 PE 列有 15 个时钟周期的输入延迟和 15 个时钟周期的输出延迟。由于完成一个三维卷积核的计算通常需要数千个时钟周期，所以这个开销可以忽略不计。以 AlexNet 为例，上述额外开销只占计算周期总数的 2.2%。

　　如图 4.14(b)所示，对于全连接操作，输入数据通过右侧 I/O 端口加载到阵列，并在每个时钟周期移动到左侧相邻 PE。输出特征点从左向右移动。同一行中的 PE 重用输入数据来计算同一输出层中的多个点，而不同行的 PE 负责一个批次中的不同前向计算过程，并重用全连接层的权重。

　　在加载到阵列之前，CONV 层的输入数据被分块以适应片上数据缓存的大小。假设 $m \times n$ 个 PE 被分配用于卷积的计算，卷积核尺寸为 k，输入通道数为 Ch，扫描步长为 1。因此，需要 $(m+k-1) \times k \times$ Ch 个输入点来计算 $m \times n$ 个输出点，并且作为该层的分块尺寸。全连接层/循环层的输入相对较小，例如，典型 FC 层有 4096 个点，对应需要 8KB，此时可以完全加载到片上缓存中，无须分块。Pooling 和 RNN 门控操作在阵列底边的超级 PE 上执行，通过底边 I/O 端口从片上缓存读取输入数据，并将结果发送回去。

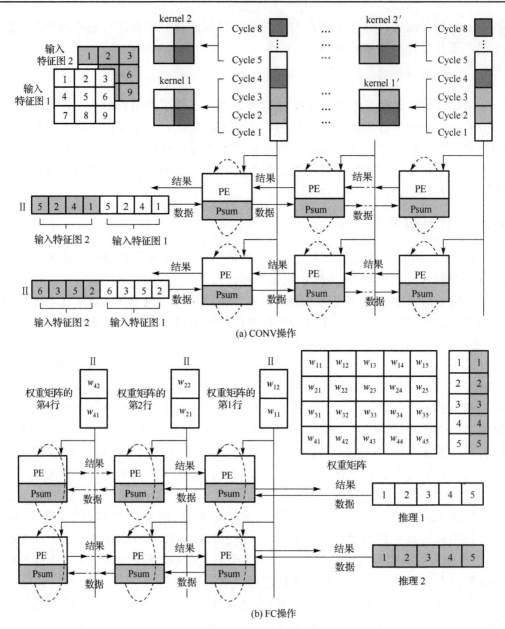

图 4.14　计算流示意图

为了在 PE 阵列上映射混合神经网络，一种直接的方法是采用逐层计算架构，依次调度执行所有神经网络层。但是，以这种逐层方式，计算密集型的卷积层将无法充分利用 DRAM 带宽，而全连接层和循环层的大量 DRAM 访问将导致 PE 的利用率不足。以 LRCN 网络逐层计算过程为例，来分析运行时的 DRAM 带宽和 PE 利用率变化。如图 4.15 所示，在全连接层和循环层执行阶段，逐层计算方式实现的 PE 利用率仅为 18.75%，卷积层执行阶段的最低带宽利用率仅为 19.63%。平均而言，PE 和内存带宽利用率分别只有 75.68% 和 76.96%。

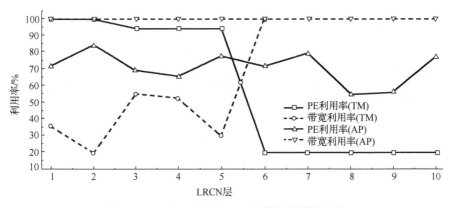

图 4.15　LRCN 每层的 PE 和带宽利用率评估

　　这意味着我们可以将不同网络层对计算和存储访问的互补需求相结合，最大限度地利用资源。因此，Thinker 提出了一种适用于混合神经网络的多层并行计算数据流，其中大部分 PE 分配给计算密集型的卷积层，大部分带宽分配给存储密集的全连接层/循环层。Thinker 的 Multi-Bank 片上缓存、分布式 I/O 端口以及不同操作的独立计算流使得 PE 阵列可以灵活地划分为四个子阵列，分别处理 CONV、FC、Pooling 和 RNN 门控操作。图 4.16(a) 显示了计算 LRCN 网络时的阵列划分和多层并行计算数据流。CONV 阵列分配了 15×13 的通用 PE；FC 阵列分配了 15×3 的通用 PE。Pooling 和 RNN 门控分别分配了 9 个和 7 个超级 PE。每个片上缓存被划分为 33-Bank CONV 缓存和 15-Bank FC 缓存，并且批次大小被设置为 15。RNN 中的全连接操作与全连接层共享相同的 FC 阵列，并且其余的 RNN 门控操作在超级 PE 上执行。在 CONV 阵列中，不同的输出通道被映射到不同的列上，可获得 13 次输入数据重用和 15 次权重重用。在 FC 阵列中，多个前向计算过程被并行执行，输入数据和权重的重用次数分别为 3 和 15。如图 4.16(b) 所示，在多层并行计算数据流中，一个批次中的 CONV 和 FC 层的执行被安排在两个连续的流水线阶段中。在 FC 层开始之前，其输入数据已经在之前的流水线阶段准备好了。一个批次中的所有前向计算过程的卷积层在一个流水线阶段中按顺序调度，而一个批次中的所有前向计算过程的全连接层/循环层在 FC 阵列的不同行中并行执行，从而实现权重的重用。多层并行计算数据流，能够将 PE 整体利用率提高 10.3%，带宽利用率提高 21.02%。

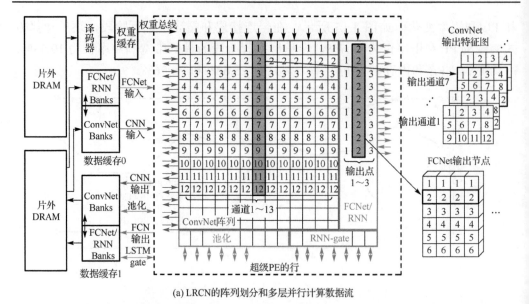

(a) LRCN的阵列划分和多层并行计算数据流

(b) 批级别流水线

图 4.16　LRCN 的阵列划分和多层并行计算数据流，以及批级别流水线（见彩图）

　　CONV/FC 阵列的大小以及 CONV/FC 缓存中的 Bank 数量等最佳划分参数，会随着不同的混合神经网络拓扑结构而变化。在一些极端情况下，卷积层的计算和存储访问在整个混合神经网络中占绝对主体，并且逐层计算数据流的结果甚至可能优于多层并行计算数据流。因此，4.3.4 节将提出按需动态阵列划分算法。

4.3.3　基于融合数据模式的存储划分

　　在多层并行计算数据流中，PE 阵列被划分成若干独立的子阵列，包括 CONV 阵列（CONV Array）和 FC 阵列（FC Array），用于同时执行卷积层和全连接层/循环层。CONV 阵列和 FC 阵列的输入特征点需要从 Multi-Bank 片上缓存中并行加载。由于卷积层和全连接层/循环层具有完全不同的数据访问模式，为了确保并行数据访问，我们将多个 Bank 划分为两组，即 CONV 缓存（CONV Buffer）和 FC 缓存（FC Buffer），分别用来为 CONV 阵列和 FC 阵列根据访问模式提供相应的输入数据。

如图 4.17 所示，假设 CONV 阵列和 FC 阵列的大小分别是 $A_h^c \times A_w^c$ 和 $A_h^f \times A_w^f$。

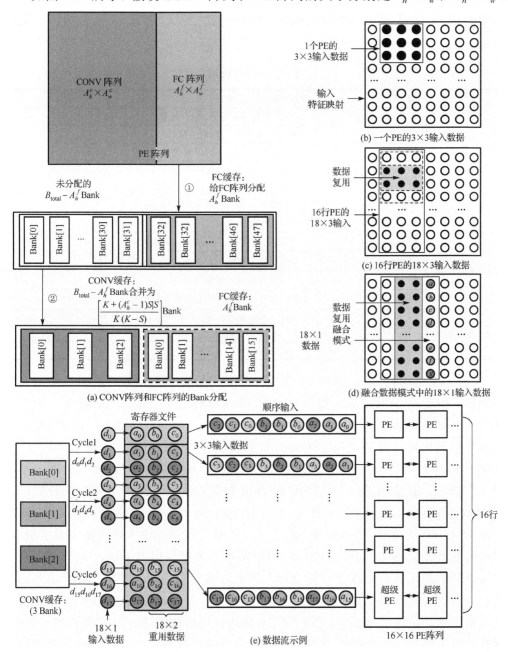

图 4.17　基于融合数据模式的存储划分（见彩图）

A_h^c 和 A_h^f 分别表示子阵列中 PE 的行数。表 4.2 给出了其余符号的说明。在 FC 阵列中，有 A_h^f 行 PE 在并发执行，每行计算不同前向计算过程的输出特征图。由于任意相邻 PE 行之间不存在数据重用，总共需要并行加载 A_h^f 个输入点到子阵列。因此，A_h^f 个 Bank 被分配给 FC 缓存，剩余的 $B_{total} - A_h^f$ 个 Bank 将被用于 CONV 子阵列。

表 4.2　符号说明

输入：混合神经网络参数	DL,WL	激活和权重的位宽
	$\theta \in \{1, 2\}$	一个 PE 中同时执行的 MAC 数量
	FC_{in}, FC_{out}	FCNet/RNN 中输入/输出点数量
	Ch_{in}, Ch_{out}	ConvNet 中输入/输出通道数量
	$R, C; H, W; K; S$	输入特征图的高度和宽度；输出特征图的高度和宽度；卷积核尺寸；卷积核步长
输入：芯片参数	$f; BW_{\{a,c,f\}}$	频率；数据带宽，ConvNet 和 FCNet 的有效平均带宽
	$B_{\{total,m\}}$	总 Bank 数量；ConvNet 需要的最小 Bank 数量
输出：性能结果	$CC_{\{conv,ConvNet\}}$	一个卷积层和整个 ConvNet 的计算周期数
	$CC_{\{fc,FCNet/RNN\}}$	一个全连接层和整个 FCNet/RNN 的计算周期数
	$CC_{\{trans\}}$	一层的数据传输周期数
	$CC_{\{AP,TM\}}$	逐层计算和多层并行计算的总计算周期数
输出：划分参数	$A_h, A_w, A_h^c, A_h^f, A_w^c, A_w^f$	阵列的总行数和总列数；ConvNet 和 FCNet 分配的行数；ConvNet 和 FCNet 分配的列数
	BS	一个批中前向计算过程的数量

在 CONV 子阵列中，每个 PE 负责一个输出特征点的计算。对于尺寸为 K 的卷积核，由于采用输出固定数据流，PE 阵列每行需要一组 $K \times K$ 输入特征点来计算一个输出特征点。当不同的 PE 行同时执行时，相邻行的输入点会发生交叠。考虑数据重用后，我们使用一个联合集来表示 A_h^c 行 PE 所需的所有输入特征点。该集合包含的特征点区域的高度和宽度分别是 $H_u = K + (A_h^c - 1) \times S$ 和 $W_u = K$。图 4.17(b) ~ (d) 给出了一个具体例子，在这个例子中一个 3×3（$K = 3$）的卷积在 16 行 CONV 阵列中以步长 S 为 1 执行。在图 4.17(c) 中，$H_u = 3 + (16 - 1) \times 1 = 18$，$W_u = 3$，因此 16 行 PE 共需要 18×3 个输入特征点。随着卷积核在输入特征图上水平滑动，相应的联合集会发生重叠，如图 4.17(d) 所示。考虑数据重用后，$H_u \times (K - S)$ 个输入点将被重用并保留到下一轮计算。因此，每轮只需要加载 $H_u \times S$ 个输入点，这也被称为融合数据模式 $\bar{P}$。在图 4.17(d) 中，一个融合数据模式包含了 18×1 个输入数据点。在这个例子中，2/3 的冗余存储访问将被消除。为了避免 PE 阵列在运行时发生停顿，一个融合数据模式中的所有输入数据点必须在 PE 阵列消耗完 $H_u \times (K - S)$ 个被重用的数据点的时间内完成加载。在输出固定数据流的情况下，

PE 阵列消耗输入特征图中的一列数据点需要 K 个时钟周期。因此，融合数据模式中的所有数据点都应在 $K \times (K-S)$ 个时钟周期内完成加载。给定融合数据模式中的数据量和加载数据所需的时钟周期数，每个时钟周期需要加载的最小数据量为

$$B_m = \frac{[K + (A_h^c - 1) \times S] \times S}{K \times (K-S)} \tag{4-1}$$

这也是 CONV 缓存所需的最小 Bank 数。如果存在多余的 Bank，剩余的 $B_{\text{total}} - A_h^f$ 个 Bank 将进一步合并为 B_m 个虚拟 Bank。

在 CONV 层中，每个输入特征点可以表示为 $\vec{p} = I[r][c][\text{ch}_{in}]$，其中 $0 \leqslant r \leqslant R-1$，$0 \leqslant c \leqslant C-1$ 且 $0 \leqslant \text{ch}_{in} \leqslant \text{Ch}_{in}$。为了实现融合数据模式 $\vec{P}$ 的并行访问，$\vec{P}$ 中的每个数据点需要映射到一个单独的 Bank。输入特征点 $\vec{p}$ 应映射的虚拟 Bank 号为 $B(\vec{p}) = r \bmod B_m$。每个卷积层的输出特征图根据相同的规则被写回 Multi-Bank 片上缓存，并用作下一层的输入特征图。

为了支持数据重用，我们使用寄存器来存储 $H_u \times K$ 个输入点。缓存控制器将寄存器中的输入特征点分发给 CONV 阵列。$K \times K$ 卷积核中的每个输入特征点被顺序输入相应 PE 阵列的行中。如图 4.17(e) 所示，例子中最小 Bank 数为 $B_m = \lceil 18 \times 1 / (3 \times 2) \rceil = 3$。我们需要在 6 个时钟周期内从 3-Bank CONV 缓存中取出 18×1 个输入数据。然后将当前输入数据存储在寄存器中，与先前加载的 18×2 个输入数据组成完整的 18×3 个输入数据。由于 16 行 PE 需要并行执行，考虑数据重用后，18×3 个数据点将作为 $16 \times 3 \times 3$ 输入特征点。每个 3×3 输入特征点将通过左侧 I/O 端口顺序地送入一行 PE 中。

4.3.4　按需动态阵列划分

多层并行计算数据流的性能取决于 PE 阵列的划分结果。给定一个特定的神经网络，通过算法 4.1 以找到 PE 阵列和 Bank 的一组最佳分割参数，从而获得最高的 PE 利用率和最佳性能。

算法 4.1

```
    // Inc, Outc, Weightc, Weightf 表示每层 DRAM 的访问
    Initiate: CCAP=∞
1:   for BS=1; BS≤Ah-1; BS++ do
2:     for Awc=1; Awc≤Aw-1; Awc++ do
3:       for Ahc=1; Ahc≤Ah-1; Ahc++ do
         Initiate: CCconv, CCfc, CCtrans, CCConvNet, CCFCNet/RNN, CCtemp, Bm;
         for j=1; j≤CONV_layer_num; j++ do
```

4: $\quad B_m[j]=\dfrac{[K_j+(A_h^c-1)\times S_j]\times S_j}{K_j\times(K_j-S_j)}$

5: $\quad B_m=\max_j\{B_m[j]\}$

6: $\quad$ if $B_m+BS>B_{total}$ then

7: $\quad\quad$ continue

$\quad$ for $j=1; j\leqslant CONV\_layer\_num; j++$ do

8: $\quad CC_{conv}[j]=\left\lceil\dfrac{H_j\times W_j}{A_h^c}\right\rceil\times\left\lceil\dfrac{Ch_{out,j}}{\theta\cdot A_w^c}\right\rceil\times K_j^2\times Ch_{in,j}\times BS$

9: $\quad CC_{trans}[j]=\max\left(\dfrac{In_{c,j}+Out_{c,j}}{BW_a/f},\dfrac{Weight_{c,j}}{BW_c/f}\right)$

10: $\quad CC_{ConvNet}=\sum_j\max(CC_{trans},CC_{conv})$

$\quad$ for $j=1; j\leqslant FC\_layer\_num; j++$ do

11: $\quad CC_{fc}[j]=\left\lceil\dfrac{BS}{A_h-1}\right\rceil\times\left\lceil\dfrac{FC_{out,j}}{\theta\times(A_h-A_h^c)}\right\rceil\times FC_{in,j}$

12: $\quad CC_{trans}[j]=\dfrac{Weight_{f,j}}{BW_f/f}$

13: $\quad CC_{FCNet/RNN}=\sum_j\max(CC_{trans},CC_{fc})$

14: $\quad CC_{temp}=\max(CC_{ConvNet},CC_{FCNet/RNN})$

15: $\quad$ if $CC_{AP}>CC_{temp}$ then

16: $\quad\quad$ update CC_{AP}

多层并行计算数据流的本质是构建一个前向计算过程的流水线。如图 4.16(b) 所示，多层并行计算数据流通过重叠当前批的卷积层与前一批的全连接层/循环层，在两个连续的流水线阶段安排一个批次的神经网络。因此，分别计算卷积层和全连接层/循环层的计算周期数，并选择较慢的作为流水线的启动间隔 (Initiation Interval, II)。目标是尽量减少 II。

在算法 4.1 中，首先检查当前迭代的变量 (BS, A_h^c) 是否能够满足存储划分技术的要求。如果不满足，我们将尝试下一组变量(第 6～7 行)。然后，计算卷积层的总计算周期数(第 8～10 行)。在多层并行计算数据流中，$(H\times W / A_h^c)$ 表示每个输出特征图上的 $H\times W$ 个点被分块并分配在 A_h^c 行 PE 上。由于每个 PE 可以同时处理 θ 个 MAC 操作，$\theta\times A_h^c$ 个输出通道将被并行处理。$K^2\times Ch_{in}$ 是计算一个输出特征点所消耗的周期数。将数据传输量除以每个时钟周期传输的数据 BW/f，得到数据传输时间，这将成为存储密集型层的瓶颈。ConvNet 执行周期的最终数量是每个卷积层中 CC_{conv} 和 CC_{trans} 中较大者的总和(第 10 行)。

接下来，以类似的方式计算全连接层/循环层的执行周期数(第 11～13 行)。一个批次中的每个前向计算过程在一个特定 PE 行上执行，并且输出特征点分布在 $A_h-A_h^c$ 列上。FC_i 等于计算一个输出特征点的周期数。全连接层/循环层的 CC_{trans}

由权重的传输周期数决定。Pooling 和 RNN 门控的处理时间可以隐藏在卷积层或全连接层/循环层的计算周期中。分配给这两个功能的超级 PE 的数量与其操作的数量成比例。最后，同一批次的计算周期数由速度较慢的子阵列决定（第 14 行）。

类似地，通过给每层分配整个 PE 阵列，可以获得逐层计算数据流的性能。因此，给定一个特定的神经网络，可以找到最佳的计算数据流(逐层计算或多层并行计算)和相应的阵列划分参数。

4.3.5　实验评估

Thinker 计算芯片采用 65nm LP CMOS 工艺流片。图 4.18 给出了芯片版图和主要参数。

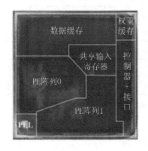

工艺	TSMC 65nm LP
芯片尺寸	4.4mm×4.4mm
内核尺寸	3.8mm×3.8mm
门数	2.95M（NAND2）
SRAM	348KB
电压	Core:0.67～1.2V, I/O:1.8V
频率	10～200MHz
峰值性能	409.6GOP
操作模式	8/16 bit
卷积	Kernel width: 1～16 Kernel height: 1～16 Stride: 1～15
全连接	Input length: 1～65536 Output length: 1～65536
RNN 支持	LSTM, GRU, etc
其他操作	Pooling, Sigmoid, ReLU, etc

图 4.18　Thinker 芯片版图和主要参数

在 200MHz 的标称频率和 1.2V 电压下，Thinker 处理器的峰值吞吐率达到 409.6GOP，功耗为 386mW，对应的能效为 1.06TOP/W。当电压缩小至 0.67V 时，吞吐率和功耗在 10MHz 时降至 20.4GOP 和 4mW，对应的能效为 5.09TOP/W。

为了满足神经网络层的各种位宽，首先，Thinker 中每个 PE 单元支持位宽自适应计算，从而可将计算吞吐率提高 91%，将能效平均提高 1.93 倍。其次，PE 阵列支持按需阵列分区和重新配置，以并行处理不同的神经网络，从而使 PE 利用率提高 13.7%，能效提高 1.11 倍。最后，基于融合数据模式的 Multi-Bank 存储系统旨在利用数据重用并保证并行数据访问，这分别将计算吞吐率和能效提高 1.11 倍和 1.17 倍。

如表 4.3 所示，Eyeriss、CNN-SoC[10]、DNPU、ENVISION 和 Thinker 在相同基准 AlexNet 上进行比较，运行频率为 200MHz。Eyeriss 在固定的 16bit 模式下可实现 0.166TOP/W 的能效，功耗为 278mW。CNN-SoC 支持 8bit 和 16bit 操作。通过动态电压和频率调节，在 8bit 模式下，能效最高可达 1.89TOP/W，功耗 41mW。DNPU 和 ENVISION 都支持 4bit、8bit 和 16bit 操作。DNPU 和 ENVISION 分别通过 4bit 操作实现 3.9TOP/W 和 3.8TOP/W 的能效。Thinker 处理器在位宽自适应模式下处理 AlexNet，可实现 368.4GOP 吞吐率，功耗为 290mW，对应的能效为 1.27TOP/W。

表 4.3　与其他最新研究工作的比较

参考	Eyeriss ISSCC2016	CNN-SoC ISSCC2017	DNPU ISSCC2017	ENVISION ISSCC2017	Thinker
工艺/nm	65	28	65	28	65
内核面积/nm^2	3.5×3.5	6.2×5.6	4.0×4.0	1.29×1.45	3.8×3.8
电压/V	0.82~1.17	0.575~1.1	0.77~1.1	0.65~1.1	0.67~1.2
内核频率/MHz	100~250	200~1175	50~200	25~200	10~200
片上 SRAM/KB	181.5	5625	290	144	348
PE 数目	168	288	776	256	512
DSP 数	0	16	0	0	0
峰值性能/TOP	0.084 @16bit	0.752 @8bit	1.20 @4bit	0.076 @4bit	0.410 @8bit
位宽/bit	16	8/16	4/8/16	4/8/16	8/16
功耗范围/mW	94~450	≥39	34.6~279	7.5~300	4.0~386
能效范围 /(TOP/W)	0.14(63.2GOP,16bit)@250MHz,1.17V ~ 0.25(23.1GOP,16bit)@100MHz,0.82V	≤ 0.25(23.1GOP,16bit)@100MHz,0.82V	1.0(279GOP,16bit)@200MHz,1.1V ~ 8.1(280GOP,4bit)@50MHz,0.77V	0.26(76GOP,16bit)@200MHz,1.1V ~ 10(75GOP,4bit)@50MHz,0.65V	1.06(409.6GOP,8bit)@200MHz,1.2V ~ 5.09(20.4GOP,8bit)@10MHz,0.67V
测试集	AlexNet	AlexNet	AlexNet	AlexNet	AlexNet
工作电压/V	1.0	0.575	1.1	1.0	1.2
工作频率/MHz	200	200	200	200	200
功耗/mW	278@16bit	41@8bit	279@4bit	44@4bit	290@自适应位宽
吞吐率/GOP	46.2@16bit	77@8bit	1088@4bit	76@4bit	368.4@自适应位宽
能效/(TOP/W)	0.166@16bit	1.89@8bit	3.9@4bit	3.8@4bit	1.27@自适应位宽

参 考 文 献

[1] Temam O. The rebirth of neural networks[C]// The 37th Annual International Symposium on Computer Architecture. New York: ACM, 2010: 349.

[2]　Sze V, Chen Y H, Yang T J, et al. Efficient processing of deep neural networks: A tutorial and survey[J]. Proceedings of the IEEE, 2017, 105(12): 2295-2329.

[3]　McLellan P. Vision C5 DSP for standalone neural network processing[EB/OL]. https://community. cadence.com/cadence_blogs_8/b/breakfast-bytes/posts/vision-c5[2017-05-01].

[4]　Chen Y, Chen T, Xu Z, et al. DianNao family: Energy-efficient hardware accelerators for machine Learning[J]. Research Highlight, Communications of the ACM, 2016, 59(11): 105-112.

[5]　Chen T, Du Z, Sun N, et al. DianNao: A small-footprint high-throughput accelerator for ubiquitous machine-learning[C]. ASPLOS, Salt Lake City, 2014: 269-284.

[6]　Chen Y H, Krishna T, Emer J S, et al. Eyeriss: An energy-efficient reconfigurable accelerator for deep convolutional neural networks[J]. IEEE Journal of Solid-State Circuits, 2017, 52(1):127-138.

[7]　Moons B, Uytterhoeven R, Dehaene W, et al. 14.5 envision: A 0.26-to-10TOPS/W subword-parallel dynamic-voltage-accuracy-frequency-scalable convolutional neural network processor in 28nm FDSOI[C]. IEEE Solid-State Circuits Conference, San Francisco, 2017:246-247.

[8]　Jouppi N P, Young C, Patil N, et al. In-datacenter performance analysis of a tensor processing unit[C]. The 44th Annual International Symposium on Computer Architecture, Toronto, 2017: 1-12.

[9]　Shin D, Lee J, Lee J, et al. 14.2 DNPU: An 8.1 TOPS/W reconfigurable CNN-RNN processor for general-purpose deep neural networks[C]. International Solid-State Circuits Conference (ISSCC), San Francisco, 2017: 240-241.

[10]　Desoli G, Chawla N, Boesch T, et al. 14.1 A 2.9 TOPS/W deep convolutional neural network SoC in FD-SOI 28nm for intelligent embedded systems[C]. 2017 IEEE International Solid-State Circuits Conference(ISSCC), San Francisco, 2017: 238-239.

[11]　Park S, Choi S, Lee J, et al. 14.1 A 126.1 mW real-time natural UI/UX processor with embedded deep-learning core for low-power smart glasses[C]. IEEE International Solid-State Circuits Conference (ISSCC), San Francisco, 2016: 254-255.

[12]　Jaehyeong S. A 1.42 TOPS/W deep convolutional neural network recognition processor for intelligent IOE systems[C]. 2016 IEEE International Solid-State Circuits Conference (ISSCC), San Francisco, 2016: 254-255.

[13]　Chen Y, Luo T, Liu S, et al. DaDianNao: A machine-learning supercomputer[C]. The 47th Annual IEEE/ACM International Symposium on Microarchitecture. IEEE Computer Society, Cambridge, 2014: 609-622.

[14] Du Z, Fasthuber R, Chen T, et al. ShiDianNao: Shifting vision processing closer to the sensor[C]. The 42nd International Symposium on Computer Architecture, Portland, 2015.

[15] Liu D, Chen T, Liu S, et al. Pudiannao: A polyvalent machine learning accelerator[C]. The 20th International Conference on Architectural Support for Programming Languages and Operating Systems (ASPLOS'15), Istanbul, 2015.

[16] Moons B, de Brabandere B, van Gool L, et al. Energy-efficient convnets through approximate computing[C]. IEEE Winter Conference on Applications of Computer Vision (WACV), New York, 2016: 1-8.

[17] Zhang C, Fang Z, Zhou P, et al. Caffeine: Towards uniformed representation and acceleration for deep convolutional neural networks[C]// International Conference on Computer-Aided Design. Austin: ACM, 2016:12.

[18] Yin S, Ouyang P, Tang S, et al. A 1.06-to-5.09 TOPS/W reconfigurable hybrid-neural-network processor for deep learning applications[C]. 2017 Symposium on VLSI Circuits, Kyoto, 2017: 26-27.

[19] Fu Y, Wu E, Sirasao A, et al. Deep learning with INT8 optimization on Xilinx devices[J]. White Paper of Xilinx, 2017: wp486(v1.0.1).

第 5 章   人工智能芯片的数据复用

数据复用，即在计算过程当中对同一数据进行重复的利用，是一种常见的减少存储器重复访问的方法。卷积神经网络涵盖了四种基本神经网络层结构中的三种基本层，其未涉及的循环层实际上是带反馈的全连接层，而反馈结构本身的特点是使得相邻两个全连接层之间存在数据相关性，并不会影响数据复用策略。因此，对于数据复用技术的分析，卷积人工智能神经网络具有典型意义。

进一步地，考虑到卷积层的计算占到卷积神经网络计算总量的 90% 以上[1]，其他的神经网络基本层如池化层、全连接层的计算模式与卷积层是类似的，都可以用同样的一组参数描述出来，对卷积层计算的研究可以推广到其他层的计算。本章将以卷积神经网络 (CNN) 为研究对象，分析人工智能芯片的数据复用技术。

人工智能芯片通常采用三种数据复用模式：输入数据复用 (Input Reuse，IR)、输出数据复用 (Output Reuse，OR) 和权重数据复用 (Weight Reuse，WR)。这三种模式在相关文献中也被称为输入固定 (Input Stationary, IS) 模式、输出固定 (Output Stationary，OS) 模式和权重固定 (Weight Stationary，WS) 模式。本章将基于神经网络的系统架构分析三类数据复用模式，并指出依据网络差异性而采用混合数据复用模式的必要性。

5.1   输入数据复用

由于人工智能芯片内部的存储空间有限，一个卷积层通常需要拆分成更小的单位，才能在计算核心上执行，这一过程等价为对图 3.2 所示的 4 层循环进行"循环分块"。如图 5.1 (a) 所示，卷积层的输入和输出特征图被分割成尺寸为 $Tn \times Th \times Tl$ 和 $Tm \times Tr \times Tc$ 的小块。其中，Th 和 Tl 可以分别由 $Th = (Tr-1)S + K$ 和 $Tl = (Tc-1)S + K$ 计算出来，K 和 S 是卷积核的尺寸和扫描步长。因此，对片上缓存和片外 DRAM 的访问次数，可以用下面的公式表示：

$$MA = TI \times \alpha_i + TO \times \alpha_o + TW \times \alpha_w + TPO \qquad (5\text{-}1)$$

其中，TI、TO、TW 分别表示当前层的输入、输出、权重总数；α_i、α_o、α_w 是数据复用参数，对应输入、输出、权重在计算过程中的重复访问次数；TPO 是输出数据经过池化操作后的个数，它通常等于 TO 的 $1/S^2$。

首先分析输入数据的复用性。图 5.1(a) 所示为一种基本的 IR 模式，与 Eyeriss[2] 中的数据复用类似，分为 3 个步骤：①计算核心把输入特征图读入局部的输入寄存器；②计算核心充分复用这些输入数据，更新输出缓存中所有相关的输出部分和（Partial Sum）；③更新后的输出部分和会重新写回输出缓存。当新的输入数据被读入计算核心时会重复上述 3 个步骤。

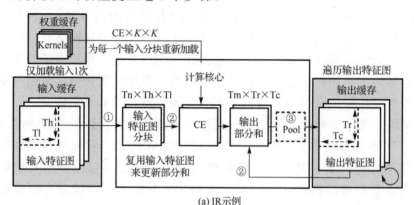

(a) IR示例

```
for(r=0;r<R;r+=Tc)                          // Loop R.
  for(c=0;c<C;C+=Tc)                        // Loop C.
    for(n=0;n<N;n+=Tn)                      // Loop N.
      for(m=0;m<M;m+=Tm)                    // Loop M.
      /*Computation in the core.*/
  for(tm=m;tm<min(m+Tm,M); tm ++)           // Loop Tm.
    for(tn=n;tn<min(n+Tn,N);tn ++)          // Loop Tn.
      for(tr=r;tr<min(r+Tr,R);tr ++)        // Loop Tr.
        for(tc=c;tc<min(c+Tc,C);tc ++)      // Loop Tc.
          O[tm][tr][tc]+=                    //Convolution.
          ∑_{i=0}^{K-1}∑_{j=0}^{K-1}W[tm][tn][i][j]*I[tn][tr*S+i][tc*S+j];
```

(b) IR伪代码

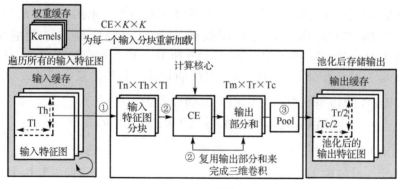

(c) OR示例

```
for(r=0;r<R;r+=Tr)                              // Loop R.
  for(c=0;c<C;C+=Tc)                            // Loop C.
    for(m=0;m<M;m+=Tm)                          // Loop M.
      for(n=0;n<N;n+=Tn)                        // Loop N.
      /*Computation in the core.*/
      for(tm=m;tm<min(m+Tm,M);tm ++)            // Loop Tm.
        for(tn=n;tn<min(n+Tn,M);tn ++)          // Loop Tn.
          for(nr=r;tr<min(r+Tr,R);tr ++)        // Loop Tr.
            for(tc=c;tc<min(c+Tc,C);tc ++)      // Loop Tc.
              O[tm][tr][tc]+=                   //Convolution.
              ∑_{i=0}^{K-1}∑_{j=0}^{K-1}W[tm][tn][i][j]*I[tn][tr*S+i][tc*S+j];
```

(d) OR伪代码

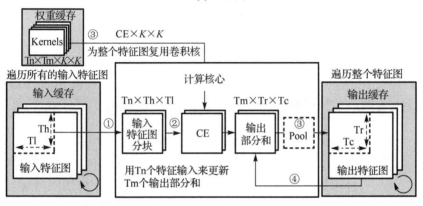

(e) WR示例

```
for(m=0;m<M;m+=Tm)                              // Loop M.
  for(n=0;n<N;n+=Tn)                            // Loop N.
    for(r=0;r<R;r+=Tr)                          // Loop R.
      for(c=0;c<C;c+=Tc)                        // Loop C.
      for(tm=m;tm<min(m+Tm,M);tm ++)            // Loop Tm.
        for(tn=n;tn<min(n+Tn,M);tn ++)          // Loop Tn.
          for(tr=r;tr<min(r+Tr,R);tr ++)        // Loop Tr.
            for(tc=c;tc<min(c+Tc,C);tc ++)      // Loop Tc.
              O[tm][tr][tc]+=                   //Convolution.
              ∑_{i=0}^{K-1}∑_{j=0}^{K-1}W[tm][tn][i][j]*I[tn][tr*S+i][tc*S+j];
```

(f) WR伪代码

图 5.1　数据复用模式

IR 模式中，卷积层计算会从原来的 4 层循环，等价变换成图 5.1(b)所示的 8 层循环。其中，外部 4 层循环描述数据复用模式，内部 4 层循环表示在计算核心中进行的卷积计算。在外部 4 层循环中，循环 N 在循环 M 的外层，意味着计算核心会充分复用当前的输入特征图后再读取新的输入。在 IR 模式中，计算核心对片上缓存的总访问次数可以用式(5-1)描述，记为 $\mathrm{MA}_{\text{buffer}}^{(\mathrm{IR})}$，其中数据复用参数 α_{i}、α_{o}、α_{w} 的计算方式如下：

$$\alpha_{\mathrm{i}} = 1, \quad \alpha_{\mathrm{o}} = 2\left(\frac{N}{\mathrm{Tn}} - 1\right), \quad \alpha_{\mathrm{w}} = \left\lceil \frac{H}{\mathrm{Th}} \right\rceil \left\lceil \frac{L}{\mathrm{Tl}} \right\rceil \tag{5-2}$$

因为每个输入只被计算核心读取一次，所以 $\alpha_{\mathrm{i}} = 1$。而计算核心中存储了 Tn 个通道的输入特征图，所以输出部分和需要从输出缓存中读写 $\left\lceil \dfrac{N}{\mathrm{Tn}} \right\rceil - 1$ 次以完成三维卷积在通道方向上的累加，因此 $\alpha_{\mathrm{o}} = 2\left(\left\lceil \dfrac{N}{\mathrm{Tn}} \right\rceil - 1\right)$。此外，每个权重会被各个输入分块重复使用，所以 $\alpha_{\mathrm{w}} = \left\lceil \dfrac{H}{\mathrm{Th}} \right\rceil \left\lceil \dfrac{L}{\mathrm{Tl}} \right\rceil$。

如果数据缓存需求超过了片上缓存容量，那么就会产生额外的片外 DRAM 访问。IR 模式中，人工智能芯片对片外 DRAM 的总访问次数仍然可以用式(5-1)描述，记为 $\mathrm{MA}_{\text{DRAM}}^{(\mathrm{IR})}$，其中数据复用参数 α_{i}、α_{o}、α_{w} 的计算方式如下：

$$\alpha_{\mathrm{i}} = 1, \quad \alpha_{\mathrm{o}} = \begin{cases} 0, & M \times \mathrm{Tr} \times \mathrm{Tc} \leqslant B_{\mathrm{o}} \\ 2\left(\left\lceil \dfrac{N}{\mathrm{Tn}} \right\rceil - 1\right), & M \times \mathrm{Tr} \times \mathrm{Tc} > B_{\mathrm{o}} \end{cases}, \quad \alpha_{\mathrm{w}} = \begin{cases} 1, & \mathrm{TW} \leqslant B_{\mathrm{w}} \\ \left\lceil \dfrac{H}{\mathrm{Th}} \right\rceil \left\lceil \dfrac{L}{\mathrm{Tl}} \right\rceil, & \mathrm{TW} > B_{\mathrm{w}} \end{cases}$$

$$\tag{5-3}$$

其中，B_{o} 和 B_{w} 分别表示输出缓存和权重缓存的容量。对于片外 DRAM，输入特征图仍然只需要读取一次，而输出和权重的访问次数取决于数据缓存需求与片上缓存容量之间的关系。在 IR 模式中，需要缓存 $M \times \mathrm{Tr} \times \mathrm{Tc}$ 个输出部分和。如果这些输出部分和的数量小于输出缓存尺寸（$M \times \mathrm{Tr} \times \mathrm{Tc} \leqslant B_{\mathrm{o}}$），那么在计算过程中就不需要将这些输出部分和存入片外 DRAM（$\alpha_{\mathrm{o}} = 0$）。否则，这些输出部分和就需要存入片外 DRAM，并且计算过程中芯片需要反复地访问片外 DRAM（$\alpha_{\mathrm{o}} = 2\left(\left\lceil \dfrac{N}{\mathrm{Tn}} \right\rceil - 1\right)$）。同理，如果权重缓存需求小于权重缓存容量 B_{w}，那么权重也只需要从片外读取一次（$\alpha_{\mathrm{w}} = 1$），否则将产生额外的 DRAM 访存。注意循环 R 和循环 C 在最外层（图 5.1(b)），IR 模式中的权重缓存需求为全部的权重量 TW。

采用输入数据复用模式的一个代表性工作是 LNPU[3]，这是一款支持推理和训练且支持稀疏化运算的架构。以图 5.2 为例进行说明。图中的 Act 表示正向推理过程中的输入特征图数据，δ 为训练反向传播过程中产生的值。以正向推理过程为例，$t-1$ 到 t 个时钟周期内，架构挑选出了非零值 D1 和 D6，同权重值 I0～I2进行点积运算，分别产生 R0～R2 和 R5～R7 的计算结果。其中 D1 和 D6 分别以广播的形式传播到 PE0～PE2 中，而每一个 PE 接收不同的权重值。这样的处理方式，使得每一个输入值都会与不同的权重值进行点乘，充分利用了输入特征值。

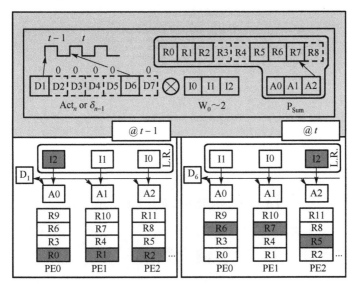

图 5.2　LNPU 输入数据复用模式图

　　NVIDIA 推出的 SCNN 架构[3]也可以认为是采用了输入数据复用的模式。图 5.3展示了循环的过程，wt 代表权重，in 代表输入特征值，out 代表输出特征值，acc代表部分和的累加。注意到，w 权重的循环位于输入 in 循环内侧（即 C 在 B 之下），也就意味着输入数据需要被权重反复使用，直到计算完成后更换成下一批输入数据。

```
     BUFFER wt_buf[C][Kc*R*S/F][F];
     BUFFER in_buf[C][Wt*Ht/I][I];
     BUFFER acc_buf[Kc][Wt+R-1][Ht+S-1];
     BUFFER out_buf[K/Kc][Kc*Wt*Ht];
(A)     for k'=0 to K/Kc-1
     {
       for c = 0 to C-1
       for a = 0 to (Wt*Ht/I)-1
       {
```

```
(B)        in[0:I-1] = in buf[c][a][0:I-1];
(C)        for w = 0 to (Kc*R*S/F)-1
             {
(D)            wt[0:F-1]=wt_buf[c][w][0:F-1];
(E)            parallel_for (i = 0 to I-1) x (f = 0 to F-1)
               {
                 k = Kcoord(w,f);
                 x = Xcoord(a,i,w,f);
                 y = Kcoord(a,i,w,f);
(F)              acc_buf[k][x][y] += in[i]*wt[f];
               }
             }
           }
      out_buf[k'][0:Kc*Wt*Ht-1]=
        acc_buf[0:Kc-1][0:Wt-1][0:Ht-1];
   }
```

图 5.3　SCNN 执行卷积运算伪代码形式

5.2　输出数据复用

图 5.1(c)所示就是一种基本的 OR 模式，其具体实现与文献[4]和[5]中的数据复用类似，分为 3 个步骤：①计算核心把输入特征图的各通道读入局部的输入寄存器；②存储在计算核心输出寄存器中的输出部分和会被充分复用，以完成三维卷积通道方向上的完全累加；③最终的输出特征图会在池化之后再写入输出缓存。对于剩余的输出特征图计算，会重复上述 3 个步骤。

OR 模式中，卷积层计算会从原来的 4 层循环，等价变换成图 5.1(d)所示的 8 层循环。相比于图 5.1(b)所示的循环，OR 模式中循环 M 在循环 N 交换了位置，意味着输出特征图只在完成输入通道上的完全累加后才存入输出缓存中。在 OR 模式中，计算核心对片上缓存的总访问次数可以用式(5-1)描述，记为 $\mathrm{MA}_{\mathrm{buffer}}^{(\mathrm{OR})}$，其中数据复用参数 α_i、α_o、α_w 的计算方式如下：

$$\alpha_i = \left\lceil \frac{M}{\mathrm{Tm}} \right\rceil, \quad \alpha_o = 0, \quad \alpha_w = \left\lceil \frac{R}{\mathrm{Tr}} \right\rceil \left\lceil \frac{C}{\mathrm{Tc}} \right\rceil \tag{5-4}$$

由于计算核心的输出寄存器中存储着 Tm 个通道的输出特征图，输入特征图

需要重复地读取 $\left\lceil \dfrac{M}{\mathrm{Tm}} \right\rceil$ 次。不同于 IR 模式，OR 模式中的权重会被各个输出分块重复使用，所以 $\alpha_{\mathrm{w}} = \left\lceil \dfrac{R}{\mathrm{Tr}} \right\rceil \left\lceil \dfrac{C}{\mathrm{Tc}} \right\rceil$。

与 IR 模式类似，OR 模式中的片外 DRAM 访问次数也与缓存需求是否满足密切相关，可以用式 (5-1) 描述，记为 $\mathrm{MA}_{\mathrm{DRAM}}^{(\mathrm{OR})}$，其中数据复用参数 α_{i}、α_{o}、α_{w} 的计算方式如下：

$$\alpha_{\mathrm{i}} = \begin{cases} 1, & N \times \mathrm{Th} \times \mathrm{Tl} \leqslant B_{\mathrm{i}} \\ \left\lceil \dfrac{M}{\mathrm{Tm}} \right\rceil, & N \times \mathrm{Th} \times \mathrm{Tl} > B_{\mathrm{i}} \end{cases}, \quad \alpha_{\mathrm{o}} = 0, \quad \alpha_{\mathrm{w}} = \begin{cases} 1, & \mathrm{TW} \leqslant B_{\mathrm{w}} \\ \left\lceil \dfrac{R}{\mathrm{Tr}} \right\rceil \left\lceil \dfrac{C}{\mathrm{Tc}} \right\rceil, & \mathrm{TW} > B_{\mathrm{w}} \end{cases} \tag{5-5}$$

其中，B_{i} 表示输入缓存的容量。如果输入缓存中能够存下全部 N 通道的输入特征图分块 ($N \times \mathrm{Th} \times \mathrm{Tl} \leqslant B_{\mathrm{i}}$)，那么全部输入只需要从片外 DRAM 读取一次 ($\alpha_{\mathrm{i}} = 1$)，否则就要重复读取 $\left\lceil \dfrac{M}{\mathrm{Tm}} \right\rceil$ 次。

有工作[5]基于输出数据复用的计算模式在 FPGA 上提出图 5.4 所示的计算架构。在计算过程中，每一个处理单元上的本地存储器都会存储输出特征图数据，并且在外层循环的展开中，也会将循环 M 放在最外层，如图 5.5 所示。

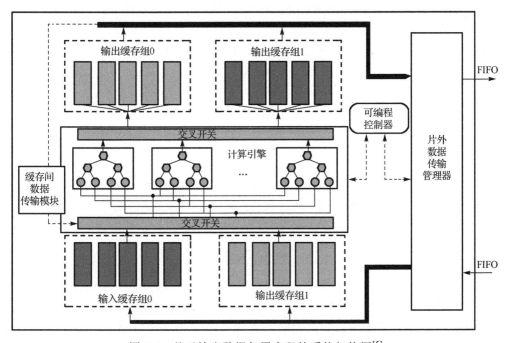

图 5.4　基于输出数据复用实现的系统架构图[5]

　　在该系统架构图中，按照输出数据复用的模式，输出缓存器通过 Crossbar 向计算单元提供数据，计算单元不断地导入输入特征值和权重值，完成输出部分通道维度(循环 M)的累加，将计算结果缓存到输出缓冲器中。

　　中国科学院计算技术研究所提出的 DianNao 架构[6]也采用此类计算模式。其中的卷积层计算顺序将输出特征图中的通道数作为最外层循环，这也正是输出数据复用的显著特征。在 DianNao 的架构中，SB 和 NBin 分别用来存储权重和输入神经元信息，NFU 单元用来进行点乘和累加的运算，输出值存储在 NBout 中。在计算过程中，输出特征值会寄存在输出缓存器中直到完成所有的部分和累加运算，才会经过 DMA 搬出。

```
for(row=0; row<R; row+=Tr){
  for(col=0; col<C; col+=Tc){
    for(to=0; to<M; to+=Tm){
      for(ti=0; ti<N; Ti+=Tn){
      //load output feature maps
      //load weights
      //load input feature maps

          L: foo(output_fm(to, row, col)),
                 weights(to, ti),
                 input_fm(ti, row, col),
      //store output feature maps
      }
}}}
```

图 5.5　基于 FPGA 架构实现的输出数据复用[5]

5.3　权重数据复用

　　图 5.1(e)所示为一种基本的 WR 模式，总共分为 3 个步骤：①计算核心读取 Tn 个通道的输入特征图分块到局部的输入寄存器；②计算核心利用这些输入数据更

新 Tm 个通道的输出部分和；③存储在权重缓存中的 Tm 个 Tn 通道的卷积核权重被充分复用，以更新存储在输出缓存中的 Tm 个通道的 $R \times C$ 输出部分和。重复上述 3 个步骤以完成整个卷积层的全部计算。

WR 模式中，卷积层计算会从原来的 4 层循环，等价变换成图 5.1(f)所示的 8 层循环。相比于 IR 和 OR 模式，循环 M 和循环 N 位于最外层，因此权重可以被充分复用，WR 模式中的权重只需要从 DRAM 读取一次。WR 模式的片上缓存和片外 DRAM 访问次数仍可用式(5-1)描述，分别记为 $MA_{buffer}^{(WR)}$ 和 $MA_{DRAM}^{(WR)}$。

片上缓存的数据复用参数 α_i、α_o、α_w 为

$$\alpha_i = \left\lceil \frac{M}{Tm} \right\rceil, \quad \alpha_o = 2\left(\left\lceil \frac{N}{Tn} \right\rceil - 1 \right), \quad \alpha_w = \left\lceil \frac{R}{Tr} \right\rceil \left\lceil \frac{C}{Tc} \right\rceil \quad (5\text{-}6)$$

片外 DRAM 的数据复用参数 α_i、α_o、α_w 为

$$\alpha_i = \begin{cases} 1, & TI \leqslant B_i \\ \left\lceil \frac{M}{Tm} \right\rceil, & TI > B_i \end{cases}, \quad \alpha_o = \begin{cases} 0, & Tm \times R \times C \leqslant B_o \\ 2\left(\left\lceil \frac{N}{Tn} \right\rceil - 1 \right), & Tm \times R \times C > B_o \end{cases}, \quad \alpha_w = 1 \quad (5\text{-}7)$$

在实际架构中，如图 5.6 所示，权重数据值被固定在每一个乘法器的输入端口；而输入特征图以数据流的形式传播到计算阵列中。其中对于每一行计算单元，输入特征图值广播到每一个计算单元上。在这种方式下，处理单元不断地更替输入值，但保留权重值。图中有 16 块阵列单元(convolution1～convolution16)，每一块阵列单元上有 9 个计算单元(K[1][1]～K[1][9])，计算单元完成相应的部分和累加后保存在寄存器 R[1]～R[16]中，之后将结果在加法树中做进一步累加。

图 5.7 为另一种用权重数据复用模式的架构。与图 5.6 展开类似，权重数据 W11～WKK 被固定在了乘法器的端口处，另一个输入端口的特征值以数据流的方式进行传播，图中将图片信息第 h 行到第 $h+K$ 行进行传播。对于每一行计算单元，输入值进行广播，其中的每一个乘法单元完成点乘运算后将结果传输给局部加法器，之后局部加法器再进行部分和的累加。

以上的实例显示，权重数据复用模式的特点在于将权重值固定在处理单元处，并且不断地更替输入特征值。

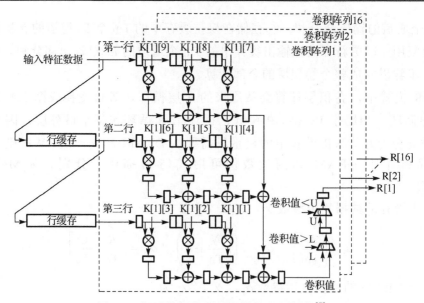

图 5.6　权重数据复用的视觉处理器架构[7]

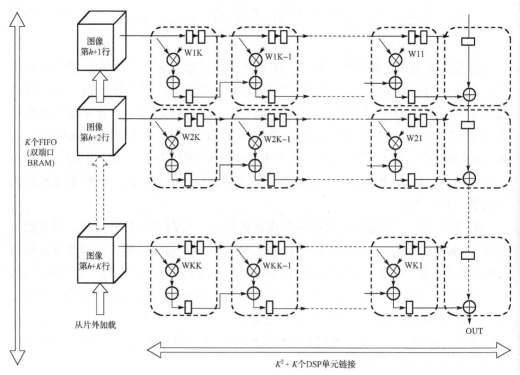

图 5.7　权重数据复用的 DSP 神经网络处理阵列[8]

5.4　混合数据复用

为了进一步分析比较这 3 种模式的特点，本节基于第 4 章提出的 Thinker 基础架构抽象出图 5.8 所示的人工智能芯片高层架构。在该架构上，分别以 IR、OR 和 WR 模式执行 AlexNet 的 CONV3 卷积层，分块参数 Tr、Tc 从 2 逐步增大到 14，以分析不同分块参数下各模式的访存行为。考虑到硬件规模限制，其他分块参数约束于 $Tn \times Th \times Tl \leqslant 40^2$ 和 $Tm \times Tr \times Tc \leqslant 32^2$。

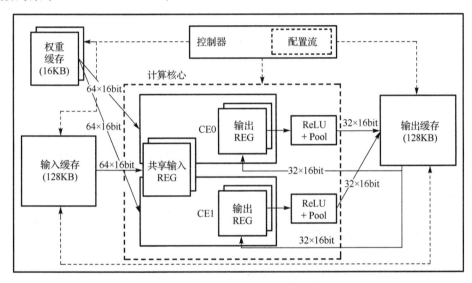

图 5.8　人工智能芯片系统架构

随着 $Tr \times Tc$ 的增加，特征图的二维尺寸增加，通道内的数据复用性增大，但计算核心内能暂存的特征图通道数却在减少，并减少了通道间的数据复用性。如图 5.9 所示，在不同的 $Tr \times Tc$ 下，3 种模式的片上缓存访问次数各不相同，且在不同的参数下获得最少访问次数：IR 是 12×12，OR 是 14×14，WR 是 8×8。3 种模式访存次数的比例关系如图中折线所示，在虚线之上的点意味着此参数下 IR 或 WR 相比 OR 访存更少。此外，根据前面的分析，片外 DRAM 访问与片上缓存访问和缓存容量密切相关。访存行为会随着卷积层的改变而变得更加复杂。因此，采用固定的数据复用模式和分块参数并不是一种好的选择。

基于以上分析结果，提出一种混合数据复用模式(后文简称混合模式)[9]。该模式将根据每一层单独分配针对该层最优的数据复用模式。为了寻找最优的数据复用模式，需要探索各种分块参数下的 IR/OR/WR 模式对应的访存能耗。每个设计点的访存能耗 $Energy_{MA}$ 可以用以下公式评估：

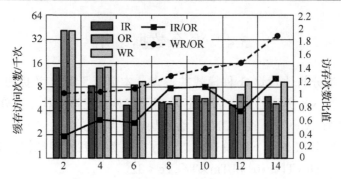

图 5.9　基于 AlexNet 的 CONV3 卷积层的片上缓存访问分析

$$Energy_{MA} = MA_{DRAM} \times E_{DRAM} + MA_{buffer} \times E_{buffer} \tag{5-8}$$

其中，MA_{DRAM} 和 MA_{buffer} 分别表示片外 DRAM 和片上缓存的访问次数。这里假定片外 DRAM 为 DDR3[10]，因此式(5-8)中的片外 DRAM 的单位访存能耗 E_{DRAM} 为 70pJ/bit[11]。根据 TSMC 65nm LP 工艺中抽取出来的数据，片上缓存访问的单位访存能耗 E_{buffer} 是 0.42pJ/bit。式(5-8)仅考虑访存能耗而没有考虑乘加计算能耗是因为对于一个给定的网络，乘加计算能耗可以认为是一个常数。根据当前层的参数和硬件存储的约束，通过式(5-8)即可评估各种可能的数据复用模式的访存能耗，进而找出适合当前层最优的数据复用模式。

5.4.1　工作流程和调度框架

基于混合数据复用模式，提出如图 5.10 所示的智能计算架构工作流程，该流程主要包括两个阶段。阶段 1 是编译阶段，会给神经网络的每一层分配一个最优的数据复用模式及分块参数，记为 < IR/OR/WR, Tr, Tc, Tm, Tn >，并编译成架构的配置信息；阶段 2 是执行阶段，架构会根据配置信息重构片上硬件资源，并以最高的能效执行神经网络。

CNN 中每个网络层的大小和卷积参数都具有多样性，需要灵活且高效的计算模式来支持能效和性能的共同优化，因此，为编译阶段提出了如图 5.10 所示的逐层调度框架。对于 CNN 的每一层，该框架根据给定的硬件资源约束，求解能效与性能的双目标优化问题，从而获得各网络层最优的计算模式。对于 CNN 的计算来说，计算能效等于给定 CNN 的总操作数(即乘加操作数)与总能耗的比值，也就是说，能效是反比于能耗的。因此，调度框架中的能效优化可直接转化为能耗优化问题，能耗的计算参照式(5-8)。而计算的性能指神经网络的计算吞吐，通常按式(5-9)计算为每秒执行的操作数量：

$$性能 = 2MAC \times PE\ 利用率 \times 频率 \tag{5-9}$$

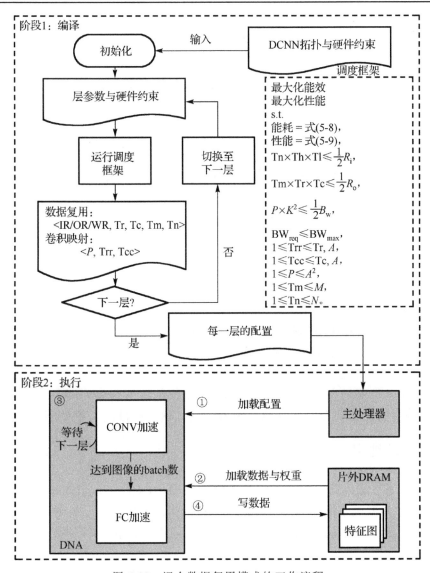

图 5.10　混合数据复用模式的工作流程

其中，MAC 表示架构的 PE 阵列中包含的总乘加器数量，而 1 个乘加操作包含一乘一加 2 个操作。在给定工作频率下，智能计算的性能取决于它计算具体网络时的 PE 利用率。为了提高 PE 利用率，这里选用一种并行的面向输出的映射方法（Parallel Output Oriented Mapping, POOM）[9] 来完成卷积映射。POOM 通过在 PE 阵列上并行放置 P 个特征图的计算来提高传统卷积映射方法[2,12]在处理卷积网络计算时出现的硬件资源利用率不足的问题。由于硬件计算资源有限，增加并行特征图的个数 P，会减少每个在阵列上并行计算的特征图的大小，POOM 会对卷积计算的内部循环做进一步的分块,再映射到 PE 阵列上。POOM 用 Trr 和 Tcc 分别表示对应 Tr 和 Tc 进一步分块的参数。因此,在本框架中,计算模式采用数据复用模式 < IR/OR/WR, Tr, Tc, Tm, Tn > 和卷积映射方法 < P, Trr, Tcc > 共同描述。此外,调度框架中的 R_i, R_o 和 B_w 分别表示计算架构中输入寄存器、输出寄存器和权重缓存的容量,A 表示架构中 PE 阵列的横向与纵向 PE 数。而各分块参数的选取必须考虑架构中硬件资源的约束,同时,对片外 DRAM 的带宽需求 BW_{req} 不应该超过最大可用的 DRAM 带宽 BW_{max}。

需要注意的是,双目标优化问题通常转化成单目标问题来求解。这个执行目标可以根据不同的应用需求而改变。例如,如果应用需要平衡能效和性能,那么执行目标可以设置成例如能耗延时积等能够兼顾能效与性能的综合性指标;如果应用需要最大的 CNN 计算吞吐,则可以优先优化性能,再优化能效。在编译阶段的最后,调度结果会被编译成智能计算架构可用的配置信息。

架构配置完成以后则进入执行阶段。执行阶段总共分 4 个步骤:

(1) 从片外 DRAM 中加载之前编译出来的配置信息;

(2) 从片外 DRAM 中加载输入数据和权重;

(3) 执行当前层(卷积层或全连接层);

(4) 把当前层的输出写入片外 DRAM。

上述 4 个步骤是完全流水的,直到一个批次的特征图都处理完。正如在步骤 (3) 中所描述的,架构会顺序计算各个卷积层,然后以批次为单位处理全连接层。

5.4.2　实验结果

依据上述方法,选择四个经典的神经网络 AlexNet、GoogLeNet、VGG19 和 ResNet50 作为测试基准。基于 Thinker 芯片架构的硬件参数,针对每个测试基准运行调度框架,以获得最高能效。调度框架采用式 (5-8) 预测各种数据复用模式的访存能耗。

图 5.11 展示了混合数据复用模式与 3 种基本数据复用模式在访存次数和能耗上的比较。传统的 3 种模式会采用最大的特征图 2 维尺寸(Tr×Tc 及 Th×Tl),以最大化通道内的数据复用性。而混合模式会探索 3 种基本数据复用模式及各种分块参数,并通过式 (5-8) 的能耗评估来寻找能效最高的调度方案。可以认为,传统方法只是该方法的探索空间中的 3 个点而已。平均来看,相比于 IR、OR 和 WR 模式,混合模式分别减少 23.7%、35.1% 和 52.7% 的片上缓存访问次数(图 5.11(a)),以及 84.7%、90.3% 和 86.6% 的片外 DRAM 访问次数(图 5.11(b))。

此外,如图 5.11(c) 所示,相比于 IR、OR 和 WR 模式,混合模式分别降低了

23.7%、86.9%和84.0%的能耗。为了更进一步分析能耗降低的内在原因，专门对
AlexNet 上的能耗降低在各网络层上进行了分解，如图 5.11(d)所示。在 AlexNet
的 5 个卷积层(CONV1～CONV5)和 3 个全连接层(FC1～FC3)上，最优数据复用
模式分别为 WR-IR-WR-IR-IR-WR-WR-WR，且各层分块参数各不相同(见图 5.11(d)
右侧表格)。在 CONV1 和 CONV2 上，混合模式的能耗降低更显著，这是因为传
统方法在这 2 层上的缓存需求过高以致超过了片上缓存容量，进而造成了更多的
片外 DRAM 访问。全连接层的权重数量比卷积层更多，是一种访存密集型任务，
WR 模式可以在批处理内实现权重复用，减少权重的重复访问，所以在全连接层
上选择了 WR 模式。

　　以上分析结果表明，与单独使用某种固定的数据复用模式相比，混合数据复
用模式充分考虑了网络各层的差异性以及芯片的硬件约束，能够实现逐层优化，
获得计算能效的显著提升。

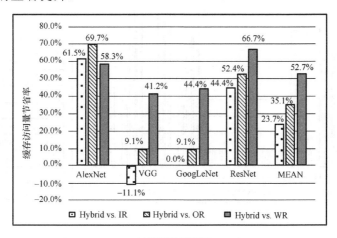

(a) 缓存访问量节省

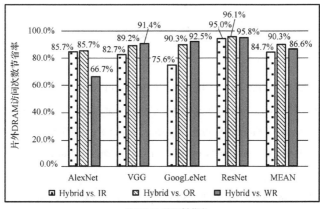

(b) DRAM访问量节省

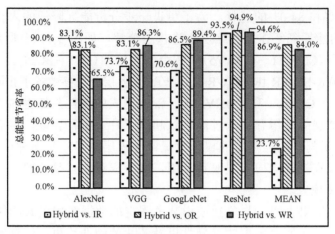

(c) 总的能量节省

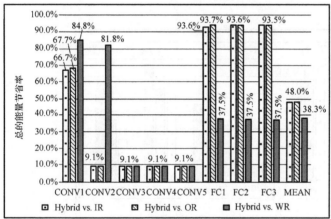

(d) 总的能量节省：AlexNet分解分析

图 5.11 访存次数和能耗比较：混合模式以及 3 种基本数据复用模式

参 考 文 献

[1] Cong J, Xiao B. Minimizing computation in convolutional neural networks[C]// International Conference on Artificial Neural Networks. Cham: Springer, 2014: 281-290.

[2] Chen Y H, Krishna T, Emer J S, et al. Eyeriss: An energy-efficient reconfigurable accelerator for deep convolutional neural networks[J]. IEEE Journal of Solid-State Circuits, 2017, 52(1): 127-138.

[3] Lee J, Lee J, Han D, et al. 7.7 LNPU: A 25.3 TFLOPS/W sparse deep-neural-network

learning processor with fine-grained mixed precision of FP8-FP16[C]. 2019 IEEE International Solid-State Circuits Conference (ISSCC), San Francisco, 2019: 142-144.

[4] Chen T, Du Z, Sun N, et al. DianNao: A small-footprint high-throughput accelerator for ubiquitous machine-learning[C]// The 19th International Conference on Architectural Support for Programming Languages and Operating Systems. Sault Lake City: ACM, 2014: 269-284.

[5] Zhang C, Li P, Sun G, et al. Optimizing FPGA-based accelerator design for deep convolutional neural networks[C]. The 2015 ACM/SIGDA International Symposium on Field-Programmable Gate Arrays, Monterey, 2015:161-170.

[6] Chen T, Du Z, Sun N, et al. DianNao: A small-footprint high-throughput accelerator for ubiquitous machine-learning[J]. ACM Sigplan Notices, 2014, 49(4):269-284.

[7] Sriram V, Cox D, Tsoi K H, et al. Towards an embedded biologically-inspired machine vision processor[C]. International Conference on Field-Programmable Technology (FPT), Beijing, 2011.

[8] Sankaradas M, Jakkula V, Cadambi S, et al. A massively parallel coprocessor for convolutional neural networks[C]. The 20th IEEE International Conference on Application-specific Systems, Architectures and Processors. IEEE Computer Society, Boston, 2009.

[9] Tu F, Yin S, Ouyang P, et al. Deep convolutional neural network architecture with reconfigurable computation patterns[J]. IEEE Transactions on Very Large Scale Integration (VLSI) Systems, 2017, 25(8): 2220-2233.

[10] JEDEC. JESD79-3F: DDR3 SDRAM Specification. https://www.jedec.org/document_search?search_api_views_fulltext=JESD79-3F[2012-07-15].

[11] Malladi K T, Nothaft F A, Periyathambi K, et al. Towards energy-proportional datacenter memory with mobile DRAM[C]. The 39th Annual International Symposium on Computer Architecture (ISCA), Portland, 2012: 37-48.

[12] Rahman A, Lee J, Choi K. Efficient FPGA acceleration of convolutional neural networks using logical-3D compute array[C]. Design, Automation & Test in Europe Conference & Exhibition, Baden-Wutenberg, 2016:1393-1398.

第6章 人工智能芯片的网络映射

尽管神经网络中的计算(如卷积等)具有很强的可并行性,但是由于受到计算资源和存储资源的限制,整个神经网络,甚至仅仅神经网络中的一层,往往都不能全部同时映射到单个人工智能芯片上。以经典网络 AlexNet 为例,整个网络的卷积层和全连接层的乘累加(MAC)操作总数超过 7 亿次,即使单层卷积中的乘累加个数也有 $3.74 \times 10^6 \sim 1.12 \times 10^7$ 之多。而典型的人工智能芯片的处理单元个数远远小于这个数,如麻省理工学院推出的 Eyeriss 芯片的处理单元个数为 168[1],佐治亚理工学院推出的 GANAX 芯片的处理单元个数为 256 [2]。因此,需要设计一些调度方法来将神经网络进行分块(Tiling)并映射到计算芯片的计算阵列上依次执行。由于神经网络中的计算之间有数据局部性,未经充分设计和优化的分块和映射方法不利于实现数据重用,往往会增加数据在计算单元和存储单元之间移动的次数,进而影响到整体的性能和功耗。

6.1 单层网络映射方法

国内外对于神经网络在人工智能芯片上的映射技术研究,最早是从单层网络映射开始的,目前已经有很多面向各种硬件平台的方法[3-14]。

为了将网络执行所需要的硬件资源控制在实际可用的范围内,一般需要通过数学建模来获得最优的网络分块参数,然后根据这套参数来对计算芯片进行配置,使得性能和能效最佳。

6.1.1 典型分块方法

图 6.1 是卷积计算过程伪代码及一种典型的分块方法[4,6,8]的示意。其中,循环 R 、 C 、 M 和 N 分别按照 Tr、Tc、Tm 和 Tn 个迭代为单位分块开来,表示该卷积层在 R 、 C 、 M 和 N 维度上被分成 Tr×Tc×Tm×Tn 大小的分块。每个这样的分块中所有的计算和数据移动操作都是在片上完成的,如图 6.1 中深灰色区域(标记为"片上处理"的区域)所示。最内两层循环 Tm 和 Tn 被循环展开(Loop Unrolling),来利用硬件的并行能力。

```
for(r=0; r<R; r+= Tr)
 for(c=0; c<C; c+= Tc)
  for(m=0; m<M; m+= Tm)
   for(n=0; n<N; n+= Tn)                                    片上处理
    for(i=0; i<K; i++)
    for(j=0; j<K; j++)
     for(tr=r; tr<min(r+Tr, R); tr++)
      for(tc=c; tc<min(c+Tc, C); tc++)                      PE 结构
       for(tm=m; tm<min(m+Tm); tm++)                        #展开
       for(tn=n; tn<min(n+Tn); tn++)                        #展开
        O[tm][tr][tc]+=W[tm][tn][i][j]*I[tn][tr*S+i][tc*S+j];
```

图 6.1　卷积计算过程伪代码及典型分块方法示意

6.1.2　屋顶线模型

在系统吞吐率优化问题中，计算能力和数据传输是两个核心约束。一个有意义的设计实现或者是计算受限或者是访存受限，也就是说计算资源或者存储和带宽的利用率达到最大（在分配粒度和布局布线等限制下）。屋顶线（Roofline）模型[15]把系统性能和片外访存的关系联系起来，为开发者在合法的设计空间内选择最优设计提供便利。

$$\text{Attainable Performance} = \min \begin{cases} \text{Computational Roof} \\ \text{CTC Ratio} \times \text{BW} \end{cases} \tag{6-1}$$

式（6-1）是在一个特定硬件平台上可以取得的性能（Attainable Performance，单位是 GOP）的表达式。其中计算能力屋顶（Computational Roof）表示的是与硬件资源所能提供的最大的计算能力相应的性能。计算访存比（Computation to Communication Ratio，CTC Ratio）指的是平均每次片外访存所能支持的计算量，反映了这个设计所利用的数据重用程度，它和带宽（Bandwidth，BW）的乘积则等于在硬件访存带宽约束下的最大计算能力。实际实现的人工智能芯片的性能不可能超过这两个指标中的较小值。

图 6.2 是 Roofline 模型的基本形式。其中，纵轴是可以达到的计算性能，横轴是计算访存比。在带宽屋顶和计算能力屋顶的右下方是合法的设计区域。越靠近上方计算性能越好，而同等性能下越靠近右方数据重用性越好，也就是越节省带宽。因此，图 6.2 中两个例子相比，算法 2 比算法 1 的数据重用性更好，因为其更靠近横轴右方。

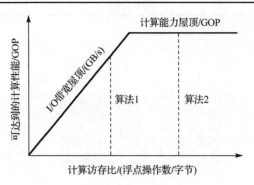

图 6.2　屋顶线模型的基本形式

6.1.3　单层网络映射的建模与求解

本书研究屋顶线模型具体地应用到单层网络映射方法的建模与求解。式(6-1)中等号右侧两个量分别反映了硬件平台的计算资源和带宽资源所施加在计算性能上的约束。从计算资源的角度考虑，最直接的约束就是硬件平台所能实现出来的 PE 个数。假设一个 PE 在一个 cycle 内能执行一次乘累加运算，那么计算能力屋顶就可以按照式(6-2)得出：

$$\text{Computational Roof} = 2 \times N_{\text{PE,max}} \times \text{Frequency} \tag{6-2}$$

其中，$N_{\text{PE,max}}$ 指的是硬件平台最多能实现的 PE 个数。当使用分块的方式对神经网络进行映射时，分块参数 $<\text{Tm}, \text{Tn}, \text{Tr}, \text{Tc}>$ 理论上所能达到的计算性能为

$$
\begin{aligned}
\text{Performance} &= \frac{\text{Total number of operations}}{\text{Execution time}} \\
&= \frac{\text{Total number of operations}}{\text{Number of execution cycles}} \times \text{Frequency} \\
&= \frac{2 \times R \times C \times M \times N \times K \times K}{\left\lceil \dfrac{M}{\text{Tm}} \right\rceil \times \left\lceil \dfrac{N}{\text{Tn}} \right\rceil \times \left\lceil \dfrac{R}{\text{Tr}} \right\rceil \times \left\lceil \dfrac{C}{\text{Tc}} \right\rceil \times (\text{Tr} \times \text{Tc} \times K \times K + P)} \times \text{Frequency} \\
&\approx \frac{2 \times R \times C \times M \times N \times K \times K}{\left\lceil \dfrac{M}{\text{Tm}} \right\rceil \times \left\lceil \dfrac{N}{\text{Tn}} \right\rceil \times R \times C \times K \times K} \times \text{Frequency} \\
&= \frac{2 \times M \times N}{\left\lceil \dfrac{M}{\text{Tm}} \right\rceil \times \left\lceil \dfrac{N}{\text{Tn}} \right\rceil} \times \text{Frequency}
\end{aligned}
\tag{6-3}
$$

其中，P 等于流水深度减 1；$\left\lceil \dfrac{M}{\text{Tm}} \right\rceil \times \left\lceil \dfrac{N}{\text{Tn}} \right\rceil \times \left\lceil \dfrac{R}{\text{Tr}} \right\rceil \times \left\lceil \dfrac{C}{\text{Tc}} \right\rceil$ 代表神经网络分块的个数；

$Tr \times Tc \times K \times K + P$ 代表流水执行一个分块所需要的 cycle 数。

直观上，我们知道循环展开参数 Tm 、 Tn 的乘积代表着并行执行的乘累加个数，也就说明该设计需要至少 Tm×Tn 个 PE。在屋顶线模型中，我们可以根据式 (6-2) 确定计算能力屋顶，根据式 (6-3) 计算一个设计的计算性能，并且只有后者不超过前者才有可能是一个合法设计。从 Performance ≤ Computational Roof ，我们可以粗略得出 $Tm \times Tn \leqslant N_{PE,max}$ 的关系，这与前面的直观推断相符。

从带宽资源的角度，我们得出计算访存比：

$$\text{CTC Ratio} = \frac{\text{Total number of operations}}{\text{Total amount of external data access}}$$
$$= \frac{2 \times R \times C \times M \times N \times K \times K}{\alpha_{in} \times \beta_{in} + \alpha_{wght} \times \beta_{wght} + \alpha_{out} \times \beta_{out}} \times \text{Frequency} \quad (6\text{-}4)$$

其中， α_{in} 、 α_{wght} 、 α_{out} 分别表示人工智能芯片在传输神经网络的输入、权重、输出数据上所需要的访问片外存储的次数，它们可以用下面的等式得出：

$$\alpha_{in} = \alpha_{wght} = \left\lceil \frac{M}{Tm} \right\rceil \times \left\lceil \frac{N}{Tn} \right\rceil \times \left\lceil \frac{R}{Tr} \right\rceil \times \left\lceil \frac{C}{Tc} \right\rceil$$
$$\alpha_{out} = 2 \times \left\lceil \frac{M}{Tm} \right\rceil \times \left\lceil \frac{N}{Tn} \right\rceil \times \left\lceil \frac{R}{Tr} \right\rceil \times \left\lceil \frac{C}{Tc} \right\rceil \quad (6\text{-}5)$$

通过复用输入、权重或者输出数据，可以有效地减少相应的访存次数，如下：

$$\alpha_{in,reuse} = \left\lceil \frac{N}{Tn} \right\rceil \times \left\lceil \frac{R}{Tr} \right\rceil \times \left\lceil \frac{C}{Tc} \right\rceil$$
$$\alpha_{wght,reuse} = \left\lceil \frac{M}{Tm} \right\rceil \times \left\lceil \frac{N}{Tn} \right\rceil$$
$$\alpha_{out,reuse} = \left\lceil \frac{M}{Tm} \right\rceil \times \left\lceil \frac{R}{Tr} \right\rceil \times \left\lceil \frac{C}{Tc} \right\rceil \quad (6\text{-}6)$$

然而它们一般是互斥的，即一层神经网络的映射只能选择一种复用方式。

式 (6-4) 中， β_{in} 、 β_{wght} 、 β_{out} 分别表示每次传输神经网络的输入、权重、输出数据的量。这些量可以用下面的等式得出：

$$\beta_{in} = Tn \times (S \times Tr + K - S) \times (S \times Tc + K - S) \approx Tn \times Tr \times Tc$$
$$\beta_{wght} = Tm \times Tn \times K \times K$$
$$\beta_{out} = Tm \times Tr \times Tc \quad (6\text{-}7)$$

同时， β_{in} 、 β_{wght} 、 β_{out} 也表示所需要的各个片上缓存的大小，因此有如下约束：

$$\beta_{in} + \beta_{wght} + \beta_{out} \leqslant \text{Maximum size of on-chip buffer} \quad (6\text{-}8)$$

根据这些公式，给定一个分块参数 $<Tm, Tn, Tr, Tc>$，就能得出该设计在屋顶线模型图中的位置，评估它的合法性和优劣。利用屋顶线模型求解最优设计的一个基本方法是：先根据硬件平台的计算资源和带宽资源搭建两条屋顶线，然后遍历所有可能的分块参数，在屋顶线模型图上打点，最后选择屋顶线以内最靠近右上的点(具有最好的性能和最有效的带宽利用)，尝试映射和实现。如果该设计实现失败，则取次优的点，重复这样的操作直到实现成功。对于 AlexNet 这样的典型神经网络，需要遍历的设计空间中的合法设计点数量相当有限，一般的笔记本电脑都可以在数分钟内完成[4]。

6.1.4　单层网络映射方法的延伸与扩展

许多工作对上述基本映射模式进行了各种延伸和扩展。例如，将分块应用到更多维度[5]，将全连接层折叠成卷积然后进行类似的分块处理[6]，等等。

将分块应用到更多维度的方法主要是将分块的维度扩展到卷积核内部，也就是说引入了 Tk 参数来对 K 进行分割。类似的还有在引入 Tb 参数对批量大小(Batch Size)进行分割的做法。更多的分块参数能增大设计空间，制造更多数据重用的可能，减少由分块参数不能整除网络大小产生"零头"造成的资源浪费，因此一定程度上提高了神经网络映射的性能。当然，这么做的代价是需要更多的时间来搜索最优解。

大部分神经网络映射方法都是针对卷积进行优化，因为在典型的卷积神经网络的正向推断过程中，卷积运算消耗了 90%的时间[16]。然而，当卷积运算得到优化和加速之后，全连接层的计算时间开始成为瓶颈[6]。如表 6.1 所示，在优化前，VGG的卷积层运算需要占用 96.3%的时间，而全连接层只占 3.7%。而当卷积被加速后，卷积层的运算时间已经减少到了一半以下，而全连接层则超过了一半。而且，全连接层需要大约 4 倍于卷积层的数据存储需求。因此，全连接层的优化也不可忽视。基于这样的考量，研究者提出了一种称为 Caffeine[6]的方法，对全连接层进行优化。

表 6.1　VGG16 的计算复杂度，存储量和执行时间分解[6]

参数	CONV	POOL	ReLU	FCN
运算量/10^7	$3×10^3$ (99.5%)	0.6 (0%)	1.4 (0%)	12.3 (0.4%)
存储量/MB	113 (19.3%)	0 (0%)	0 (0%)	471.6 (80.6%)
采用纯软件方式计算的时间消耗	96.3%	0%	0%	3.7%
对卷积层加速后	48.7%	0%	0%	51.2%

在一次正向推断过程中，全连接层的权重值只会被使用一次，因此其数据可重用性非常低。为了解决这个问题，Caffeine 引入了批量计算，即一次处理多个输入特征图，这样同一个权重数据可以与多个输入进行乘法运算，其数据可重用

性成倍放大。Caffeine 还将全连接层的输入和权重进行折叠重组，形成与卷积一致的格式，这样一来，其后续映射流程就和卷积层一致，也能够使用前面提到的计算引擎，避免了为全连接层额外准备一套设计流程和执行部件带来的软件和硬件开销。而且，Caffeine 设计团队还认为，当 Batch 较小的时候(如 Batch=32)，采用权重为中心(Weight-major)的映射方式收益更大[6]。如图 6.3 所示，Caffeine 把全连接层的权重数据折叠重组后当成卷积层格式下的输入特征图，而把 Batch 组输入数据当成卷积层格式下的 Batch 组卷积核，然后经过卷积运算，得到通道 (Channel)大小为 Batch 的输出特征图，每个通道都对应于原本的一组全连接层的输出数据。这样一来，全连接层的执行性能也得到了有效的提升，而且大部分映射框架都可以复用卷积层的框架。

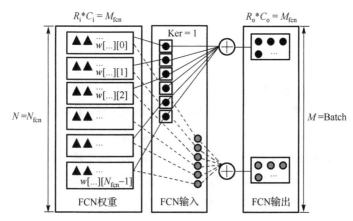

(a) 以权重为中心实现全连接层到卷积层的映射
(Ker = 1, Batch = 2)

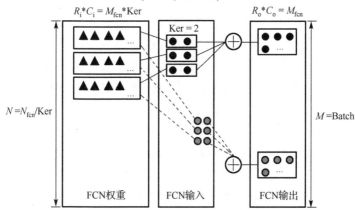

(b) 以权重为中心实现全连接层到卷积层的映射
(Ker = 2, Batch = 2)

图 6.3　Caffeine 对全连接层的映射思路[6]

除了卷积层和全连接层，循环神经网络中的循环层也是一个需要考虑的范畴。在语音识别等循环神经网络应用中，循环层往往会被重复执行多次，其执行时间是整个网络的瓶颈。为了能够兼容这类网络，有工作[14]对循环层也进行有效的优化，提出了一种针对混合神经网络(Hybrid-NN)的优化方法。长短时记忆(LSTM)模型是一种典型的循环神经网络[17]。LSTM 模型能够根据很长的依赖界定信息应该被记忆还是遗忘，其主要运算表达式如下：

$$\begin{cases} I_t = \delta(W_{xi}X_t + W_{hi}H_{t-1} + b_{it}) \\ F_t = \delta(W_{xf}X_t + W_{hf}H_{t-1} + b_{ft}) \\ O_t = \delta(W_{xo}X_t + W_{ho}H_{t-1} + b_{ot}) \\ G_t = \delta(W_{xg}X_t + W_{hg}H_{t-1} + b_{gt}) \\ C_t = F_t \times C_{t-1} + I_t \times G_t \\ H_t = O_t \times \delta(C_t) \end{cases} \tag{6-9}$$

其中，在第 t 个迭代周期，I_t、F_t 和 O_t 分别表示输入门、遗忘门和输出门；G_t、C_t 和 H_t 分别表示中间状态、细胞状态和隐藏状态，这些状态用数据向量来表示；X_t 是相应的输入数据；W_{xi}、W_{xf}、W_{xo} 和 W_{xg} 则是相应的权重矩阵；b_{it}、b_{ft}、b_{ot} 和 b_{gt} 则是偏移量；$\delta(\cdot)$ 表示非线性操作，如 Sigmoid 函数和 tanh 函数。可以看到，I_t、F_t、O_t 和 G_t 主要是通过矩阵乘法得出，而 C_t 和 H_t 则是通过向量对应元素相乘得出，这些操作都可以转化成全连接操作。再通过引入批量计算，前面提到的用于卷积和全连接层的优化手段可以同样应用于循环层。

6.1.5　单层网络映射方法的缺点

需要指出的是，对于多层网络，如果用单层映射的方法，那么层与层之间通常是串行执行的，而且计算引擎的组织结构在层切换的时候不会发生变化，也就是说 Tm 和 Tn 必须固定，这是因为传统的人工智能芯片如果要实现在运行中动态重构其计算引擎的组织结构，往往会产生巨大的设计代价和硬件开销[4]。我们称这种单层映射并串行执行多层的映射方法为层级时间映射(Layer-Level Temporal Mapping)方法。这种方法的缺点在于，当层与层之间的网络形状差异较大的时候，所有层都不得不采用同样的 Tm 和 Tn，这将极大地限制设计空间，容易造成计算资源的浪费。同样，层与层之间的带宽需求差异较大时，串行执行也会造成带宽的浪费。有一些方法为了解决这种网络分块不能和计算资源足够吻合产生资源浪费的问题，对计算资源也进行分块，然后同时映射不同的网络分块并行地执行[9]。但是这些方法主要是针对 AlexNet 等层数和分支较少的简单卷积神经网络，而对于更加复杂的神经网络，不能做到足够的优化，这会在 6.3 节具体讨论。

6.2 级联网络映射方法

神经网络的数据局部性不仅仅体现在每一层内部，还存在于层与层之间，即前一层的输出是后一层的输入。层级时间映射方法是逐层处理，把前一层的输出保存到片外，然后执行下一层的时候再从片外读取进来，这就造成了大量的数据传输。之所以不能把层与层之间的中间数据全部保存在片上，是因为典型的计算芯片往往缺少足够大的片上存储空间。例如，Eyeriss 芯片的片上 SRAM 大小只有 181.5KB[1]，GANAX 芯片的缓存总大小也只有 135KB[2]，而 VGG19(16bit)的第一层卷积的输出数据就达到了 6.42MB。再加上权重数据也需要缓存、双缓存机制需要额外开销等因素，将该层全部输出数据保存在片上是无法实现的。另外，要执行下一层的单个或者一部分计算也并非需要上一层的全部结果，因此可以通过层融合分块的方法[18]，在片上缓存的能力范围内实现跨层执行，以减少片外数据传输量。

图 6.4 是一个融合了两个卷积层的例子。可以看到，卷积核都是 $3\times3\times N$，滑窗步长为 1，第一层的输入是 $7\times7\times N$ 的大小，通过 M 组卷积核，得到 $5\times5\times M$ 的输出，也就是第二层的输入，再通过 P 组卷积核，得到 $3\times3\times N$ 的输出。在分块方面，第一层的输入是分块成 $5\times5\times N$，输出则是 $3\times3\times M$，第二层的输出则是 $1\times1\times P$。每一层的输入的相邻两个分块之间重叠的部分可以通过缓存不再重复读入或者计算。

算法 6.1 是层融合神经网络的伪代码。假设融合的神经网络有 5 层，那么这 5 层各自占用硬件计算阵列上的一个分区进行计算，各自拥有独立的分块参数(如 Tm、Tn 等)。

需要指出的是，这种方法有许多限制，那就是除了最后一层以外，所有层的 Tn 都必须等于 N，否则前一层的输出只是不完整的和，不能参与下一层的计算。同时每一层的 Tm 都必须等于前一层的 Tn，这样才能保证数据的生产和消费同步起来。用公式可以表示为

$$\text{Tn}_{i+1} = \text{Tm}_i, \quad \text{Tn}_i = N_i, \quad i = 1, 2, \cdots, k-1 \tag{6-10}$$

其中，k 是融合的层数。这样的约束显然会极大地减小设计空间，$\text{Tn} = N$ 意味着需要将输入的通道方向在片上一次全部处理，往往会导致很大的片上缓存需求。如果要改善这一点，一个办法是改变数据重用方式[19]。具体地说，就是将倒数第二层的数据重用方式设为输出重用(每个输出一直在片上停留直到 N 个相应的乘积被累加完毕再输出)，而最后一层的数据重用方式设为输入重用(每个输入保持

在片上直到全部 M 组权重全部与之相乘过）。这样一来，倒数第二层就不需要满足 $\mathrm{Tn}_i = N_i$ 的约束。为了保持同步性，只需要满足 $\dfrac{N_{k-1}}{\mathrm{Tn}_{k-1}} \times K_{k-1}^2 = \dfrac{M_k}{\mathrm{Tm}_k} \times K_k^2$ 即可。

新的约束可以调整的参数更多，当融合的层数比较少的时候（一般也只会融合 2～5 层），设计空间可以显著地增大。

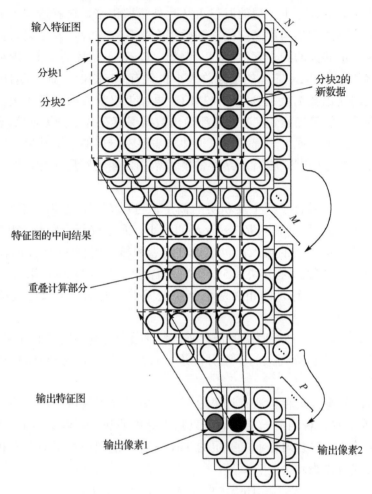

图 6.4　融合两个卷积层的例子[14]

算法 6.1
```
Fused<Tm1,…,Tm5,Tn1,…,Tn5,R,C>():
for(row=0; row<R; row++)
for(col=0; col<C; col++)
        calcparams(row,col)
        load(in1, rowt, colt, inH1, inW1)
```

```
compute ⟨T_{m1}, T_{n1}⟩ (in_1, out_1, weights_1, outH_1, outW_1)
reuse(out_1, in_2, B_{L1}, B_{T1}, row, col, K_2, S_2, inH_2, inW_2)
compute ⟨T_{m2}, T_{n2}⟩ (in_2, out_2, weights_2, outH_2, outW_2)
pool(out_2, out_{p1})
reuse(out_{p1}, in_3, B_{L3}, B_{T3}, row, col, K_3, S_3, inH_3, inW_3)
compute ⟨T_{m3}, T_{n3}⟩ (in_3, out_3, weights_3, outH_3, outW_3)
reuse(out_3, in_4, B_{L4}, B_{T4}, row, col, K_4, S_4, inH_4, inW_4)
compute ⟨T_{m4}, T_{n4}⟩ (in_4, out_4, weights_4, outH_4, outW_4)
pool2(out_4, out_{p2})
reuse(out_{p2}, in_5, B_{L5}, B_{T5}, row, col, K_5, S_5, inH_5, inW_5)
compute ⟨T_{m5}, T_{n5}⟩ (in_5, out_5, weights_5, outH_5, outW_5)
store(out_5)
```

6.3　复杂网络映射方法

最近，神经网络模型朝着更深和更宽的方向发展，目的是提高精度。更深指的是级联的层次更多，而更宽指的是分支增加。然而，简单地将传统的神经网络加深和拓宽会增加计算量和减慢收敛速度。Inception[20]和 Residual[21]是两种最新的深度神经网络架构，它们具有既能保证高精度又不会带来上面说的两个问题的优势。典型的 Inception 和 Residual 模块如图 6.5 所示。这两种模块的最突出的特点是：①大多数层都是卷积层；②它们的参数(如卷积核大小)差异很大，导致输入/输出/权重数据的重用次数差异很大，也就是数据局部性差异很大；③在第一层，不同的卷积核作用于相同的输入特征图。复杂神经网络还有不少其他类型，但由于 Inception 和 Residual 是目前最好的神经网络结构之一，所以后面我们根据这两种网络来探讨复杂神经网络的映射方法。

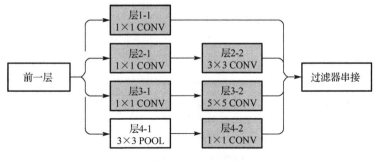

(a) Inception模块：GoogLeNet的Inc3a

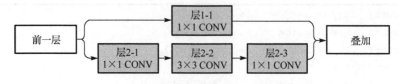

(b) Residual 模块：ResNet-50的Res2a

图 6.5　典型的 Inception/Residual 模块

6.3.1　层级时间映射方法带来的资源浪费

前面提到，当执行多层网络的时候，层级时间映射方法由于串行执行各层时计算引擎和带宽供给不变，会造成硬件资源的浪费，从而影响人工智能芯片的性能。直观地说，3×3、5×5 的卷积核倾向于使该层具有更高的输入和累加和的数据可重用性。下面将针对 GoogLeNet 中的 Inc3a 模块来举例说明这一点。其卷积层参数如表 6.2 所示。我们可以看到算子个数（NOP）、数据个数（NData，包括输入、输出和权重）以及理论上平均每个数据最大可以支持的计算量（OPDmax，反映了数据局部性）在各层之间变化很大。如果使用传统的层级时间映射方法[4]将其逐层映射到人工智能芯片上，就会产生如图 6.6 所示的资源浪费的情况。

表 6.2　GoogLeNet 中的 Inc3a 的卷积层的参数

层数	R	C	N	M	K	S	NOP	NData	OPDmax
1-1	28	28	192	64	1	1	19267584	212992	90.46
2-1	28	28	192	96	1	1	28901376	244224	118.34
2-2	28	28	96	128	3	1	173408256	297344	583.19
3-1	28	28	192	16	1	1	4816896	166144	28.99
3-2	28	28	16	32	5	1	20070400	54272	369.81
4-2	28	28	192	32	1	1	9633792	181760	53.00

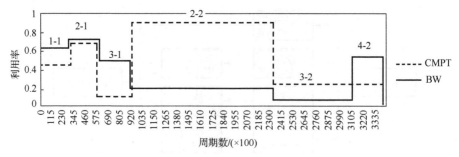

图 6.6　计算资源（CMPT）和带宽资源（BW）利用率随运行周期的变化图

（网络：Inc3a 32bit。硬件平台：Virtex-7 XC7VX690T。映射方法：文献[4]）

造成这种问题的主要原因有三点。第一，各层的 OPDmax 变化很大。硬件平台理论上可以支持的最大 OPD 是 128，所以当某一层的 OPDmax 和这一数值接近时(如层 2-1)，往往能取得总体上较好的硬件资源利用效果。OPDmax 远大于硬件平台的理论 OPD 的层(如层 2-2)倾向于计算受限而带宽利用率远低于计算资源利用率，反之，OPDmax 远小于硬件平台的理论 OPD 的层(如层 3-1)倾向于数据受限而浪费很多计算资源。第二，层级时间映射方法要求每一层用统一的展开参数(Tn、Tm)。然而，有些层过小，或者并不能被这些参数整除，就造成了很多处理单元的空转周期。第三，没有针对 Inception/Residual 网络的特点进行优化设计，如分支之间和层之间的数据局部性没有被利用起来。

针对上述问题，可以采用以下策略来解决。首先，可以将这些层进行聚类，让资源利用倾向相似的层归入同一类。不同的类放在人工智能芯片上不同的分区并行执行，也就是类级空间映射(Cluster-Level Spatial Mapping)，这样它们的资源需求可以互补，而且展开参数不要求统一，不同类可以更自由地选择合适的展开参数。其次，不同分支的第一层，如果卷积核大小相同，就可以合并起来，这样层的大小就得到了增大，也就增大了可利用的计算并行性和数据局部性。最后，一些跨层数据传输放在片上完成，可以节省带宽。

6.3.2　层聚类方法

对于层聚类算法，有很多种选择。最直观的方法是枚举算法，如文献[9]提出的方法就是一种近似枚举算法，但枚举算法缺乏目标性、时间复杂度较高。启发式算法可以有效降低时间复杂度，如文献[19]中提出的基于距离的聚类算法，两个层的距离越近则它们被分为同一类的可能性越大。这里的距离指的是两个不同层的资源利用倾向之间的差异性。

为了具体地定义两个层之间的距离，首先要为每个层 i 定义一个特征向量 L_i。由于网络参数 N、M、R、C、K、S 以及 OPDmax 都会在映射的时候对其资源利用倾向产生影响，所以可以让 L_i 包含这些分量。另外，这些分量各自的变化范围比较大，所以需要正则化，一种可选的方式是，将 OPDmax 按照硬件平台所提供的 OPD 正则化，其他分量则按照各层的平均值正则化。综上所述，可以得到如下特征向量和距离的表达式：

$$\begin{cases} L_i = \{l_{i1}, l_{i2}, l_{i3}, l_{i4}, l_{i5}, l_{i6}, l_{i7}\} \\[2mm] l_{i1} = \dfrac{\text{OPD}_{\text{max},i}}{\text{OPD}_{\text{hardware}}}, \quad l_{i2} = \dfrac{N_i}{\overline{N}}, \quad l_{i3} = \dfrac{M_i}{\overline{M}} \\[2mm] l_{i4} = \dfrac{R_i}{\overline{R}}, \quad l_{i5} = \dfrac{C_i}{\overline{C}}, \quad l_{i6} = \dfrac{K_i}{\overline{K}}, \quad l_{i7} = \dfrac{S_i}{\overline{S}} \end{cases} \tag{6-11}$$

$$D(L_i, L_j) = \sqrt{\sum_{x=1}^{7} \{\alpha_x \times (l_{ix} - l_{jx})^2\}} \qquad (6\text{-}12)$$

其中，α_x 是第 x 个分量的经验性的权重。由于 OPD_{max} 直接反映了数据局部性，而 N 和 M 决定了数据并行性的上限，它们的权重一般都要设为远大于其他权重的值。

有了距离的定义之后，就可以采用一些聚类方法，将各层分类。迭代自组织数据分析（Iterative Self-Organization Data Analysis, ISODATA）算法[22]是一种经典的聚类算法，算法 6.2[19]正是采用了这种思想。首先，该算法根据预先设定的类的个数，随机生成一些类中心。然后，根据各层到类中心的距离，将各层分配给距离最近的类。接着，该算法迭代地调整各类，并更新类中心。如果某个类包含过少的层，就将这个类删除；如果某个类内部离散度过高（由其所包含的层特征向量的方差推导出来），则将它分解成两个类；如果两个类的距离过近，就将它们合并成一个类。其中涉及的各个阈值都是事先设定的。这样的迭代更新过程会持续到所有的类中心在一次迭代内保持不动，或者迭代次数达到预先规定的最大值为止。

算法 6.2

```
Require:*L, *a, NC_EXP, θ_E, θ_S, θ_M, I_max
Ensure: NC, **Cluster
  NC=NC_EXP; I=0;
   *Center=init_cluster_centers(L, NC_EXP);
   while(I++<I_MAX)
   *Center_bak=copy(Center);
     //Layer Classification
     for(i=1; i≤NC; i++)
       NL[i]=0; Cluster[i]=0;
     for(i=1; i≤NL_total; i++)
       if(D(L[i], Center[j])≤D(L[i], Center[k]),forall 1≤j, k≤NC)
         Cluster[j][NL[j]++]=L[i];   //insert L[i] into Cluster[j]
     //Cluster Elimination :
     for(i=1; i≤NC; i++)
       if(NL[i]<θ_E)
         remove Cluster[i]; remove Center[i];
         NC--; break;
   //Center Updating :
     for(i=1; i≤NC; i++)
         Center[i]=calculate_mean(Cluster[i]);
   //Cluster Splitting :
     if(NC≤NC_EXP/2)
         for(i=1; i≤NC; i++)
           *V=calculate_varience(Cluster[i]);
```

```
                              //V[x] corresponds to x-th component of layer feature vectc
        WV_max=max(a[x]*V[x]);  //maximum weighted varience
        if(WV_max>θ_S)

insert two new centers : Center[i] ± (0,...,0, WV_max/a[x], 0,...,0);
        remove Center[i]; NC++; break;
    //Cluster Merging :
      foreach(i≤i, j≤NC, i≠j)
          if(D(Center[i], Center[j])≤θ_M)
            insert a new center : (NL[i]*Center[i]+NL[j]*Center[j])/(NL[i]+NL[j]);
            remove Center[i]; NC--; break;
  //Termination :
    if(is_unchanged(Center, Center_bak));
    break;
do layer classification based on final cluster centers;
```

6.3.3　多个层聚类并行映射方法

每个层聚类包含一个到多个层,将被映射到人工智能芯片上的不同分区并行地执行。现在的问题是如何在给定硬件资源约束下搜索一个全局最优的分块参数,其中包括所有各自类的分块参数。每个类的设计空间包含了数百万到数亿的解决方案,在普通的 Intel i7 系列计算机上枚举只需要几秒到几分钟。但是,如果将两个或以上的设计空间简单地整合起来(即笛卡儿积),那么枚举时间就完全不可接受了。

为了解决这个问题,我们可以将 6.1 节中介绍的屋顶线模型进行扩展来辅助求解。仍然以 Inc3a 为例,目标是最高的执行效率。我们将三个分支的第一层(1-1、2-1、3-1)合并成一个新层。根据各层的距离,我们把合并后的层单独分到聚类1、层 2-2 和层 3-2 分到聚类 2,层 4-2 分到聚类 3。然后,每个类的设计空间的屋顶线模型被分别画出来,如图 6.7 上半部分所示。纵轴表示平均每个周期能执行的算子个数(OPC,对应原始屋顶线模型的性能),横轴表示平均每个数据能支持的计算量(OPD,对应原始 Roofline Model 的计算带宽比 CTC)。例如,在聚类 1 的设计空间中,点 A1 表示一种可能的设计。它的纵坐标表示它能达到的 OPC,也隐含着它所需要消耗的计算资源。它的横坐标表示它能达到的 OPD,而且 $\tan\alpha_{A1}$ = OPC/OPD 表示了平均每个周期的输入输出数据(DPC),隐含着它的带宽需求。目标硬件平台会施加一个像屋顶一样的约束,分别限制可用的计算资源和带宽资源。因此,在这个屋顶的右下方,最靠上(性能最高)然后最靠右(带宽最省)的设计是一个可能最优解。

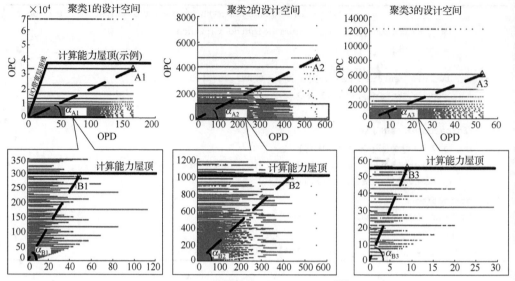

图 6.7　多个层聚类的并行映射[19]

　　现在考虑如何有效率地联合求解多个类的分块参数。原始的屋顶线约束不再够用，我们需要添加一些联合的约束。对于并行执行多个类的计算资源约束和带宽约束分别变成：① $\sum\limits_{i=1}^{n} OPC_{Ai} \leqslant OPC_{hardware}$；② $\sum\limits_{i=1}^{n} \tan\alpha_{Ai} \leqslant DPC_{hardware}$，其中，$OPC_{hardware}$ 和 $DPC_{hardware}$ 是根据硬件平台的计算资源和带宽资源推导出来的。根据木桶原理，多个类并行的计算时间等于最长的那个类的计算时间。因此，我们可以根据每个类所包含的算子个数（NOP）来成比例地分配计算资源，这样所有的聚类就可以几乎同时完成。因此，我们把聚类 i 的计算资源约束改写成 $OPC_{i,roof} = OPC_{hardware} \times NOP_i / NOP_{total}$。然后，我们再找每个类在资源约束屋顶之下的最靠上然后最靠右的设计，如图 6.7 下半部分（B1、B2、B3）所示，作为备选解。如果备选解不能满足带宽约束，或者不能被成功地硬件实现，就迭代地进行调整，直到成功地实现。主要调整方法是：①成比例降低计算资源约束屋顶，这有助于降低计算资源的需求，并且同时也倾向于降低带宽的需求，但会降低性能；成比例降低的原因仍然是遵循木桶原理，让各个类的执行时间平衡，跳过海量的无意义的解；②在原来的设计点的位置向左搜索，这样做会倾向于降低片上缓存的需求而且性能不变，但会增大带宽的需求。

　　完成聚类并确定了分块参数以后，下面以 LRCN 为例，介绍如何进行各聚类到硬件的并行映射。按照前面的聚类算法，LRCN 可以被划分为三个聚类：C1、C2 和 C3。于是，如图 6.8 所示，按照三个聚类对硬件资源的需求差异，将 FPGA 的所有计算资源和存储资源分别组织为三个独立的计算引擎：C1 引擎、C2 引擎和 C3 引擎，用于加速 LRCN 的三个聚类。图中标示了三个引擎占用的 DSP 和 BRAM 资源比率。对于使用同一个输入（如输入 1）的推理计算，则按照流水线方式组织执行。对于 LRCN 的多个具有不同输入（如输入(1/2/3/4/5)）的推理计算，则采用三个独立引擎并行加速三个推理。例如，图 6.8 中虚线框标示的流水线中第三段所示，C3 引擎、C2 引擎和 C1 引擎分别并行加速使用输入 1 的 C3，使用输入 2 的 C2 和使用输入 3 的 C1 对应的推理运算。

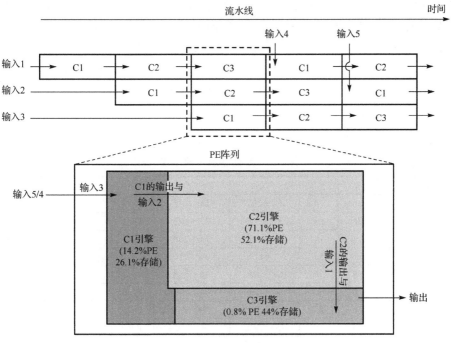

图 6.8　多层聚类并行映射示例

6.3.4　复杂网络其他特性的利用

前面提到，Inception 和 Residual 模块还有一些特性，如分支之间和连续层之间的数据可重用性，可以利用起来实现进一步的性能和带宽优化。这里介绍两点：①首层合并。由于 Inception 和 Residual 模块每个分支的第一层的输入特征图是一样的，如果它们的卷积核大小相同，那么就可以在卷积核组数也就是输出通道方向(M)进行直接堆叠合并。合并后的层卷积核组数和输出通道数 M 为原来所有分支第一层这个数值之和。②片上层间数据交互。这个优化基本等价于多层网络映射，用层融合分块的方法[18]带来的额外约束比较严重，而修改最后两层的数据重用方式可以缓解额外约束[19]，这些在 6.2 节中已经讨论过，这里不再赘述。另外，这些优化是可选的，根据实际的网络和硬件平台情况来决定是否执行。

6.3.5 复杂网络映射优化结果

为了评估不同方法映射复杂神经网络的结果，我们从 GoogLeNet[20]和 ResNet-50 中选择了几个典型的 Inception/Residual 模块。表 6.3 给出了这些测试基准网络的参数。我们把一个经典的层级时间映射方法[4]作为基准方法（图 6.9 中标注为 Base），然后引入三种超越层级时间映射的方法进行比较。层融合方法[18]（图 6.9 中标注为 FL）在 6.2 节中提到过，它采用跨层分块的策略来减少层与层之间产生的中间数据在片上和片外之间的移动。多处理核心方法[9]（图 6.9 中标注为 MCLP）则将硬件资源划分为多个区域，然后不同区域并行地处理不同的层，以提高计算效率和吞吐率。层聚类并行映射方法[19]（简称为 LCP）就是前面介绍的考虑到 Inception/ Residual 等复杂神经网络结构的优化方法。由于各工作实现的人工智能芯片的硬件资源有差异，为了单纯从映射方法的层面进行公平比较，我们统一选用 Xilinx VC709（Virtex 690T）FPGA，来作为各种映射方法的硬件平台进行评估。

表 6.3　测试基准网络参数[20]

基准测试网络	R	C	N	M	K	S	OPD$_{max}$
Inc3a	28	28	16～192	16～128	1～5	1	28.99～583.19
Inc3b	28	28	32～256	32～192	1～5	1	54.90～712.28
Inc4a	14	14	16～480	16～208	1～5	1	28.70～287.47
Res2a	56	56	64	64～256	1～3	1	63.35～510.55
Res2b	56	56	64～256	64～256	1～3	1	100.76～510.55
Res2c	56	56	64～256	64～256	1～3	1	100.76～510.55
Res3a	28	28	128～256	128～512	1～3	1～2	56.62～636.93
Res4a	14	14	256～512	256～1024	1～3	1～2	92.66～327.71

图 6.8 是性能比较的结果。为了综合地比较 4 种方法的性能，除了测试单个模块的映射，还测试了连续多个模块（Inc3a3b、Res2a2b2c）的合并映射。每个映射的模块都有 32bit 和 16bit 两种位宽版本。目标硬件平台在执行 32bit 和 16bit 运算的时候可以提供的理论最大 OPD 分别是 128 和 320。我们从表 6.3 可以看到大部分测试基准的 OPD$_{max}$ 都超过了 128，因此 32bit 的测试基准倾向于计算受限，相对而言 16bit 的测试基准则有着更加平衡的资源利用。从图 6.9 可以看到，总体上，四个方法在 16bit 的测试基准上取得的性能更好，后三种方法相对于基准方法都取得了一定的性能提升。MCLP 方法在更多的测试基准上取得了比 FL 方法更好的效果，这表明了它分区执行思想的优越性。FL 方法在 32bit 测试基准下从没有超越 MCLP 方法，因为它主要针对数据重用进行优化，在计算受限场景效果不明显。LCP 方法直接针对不同层资源利用倾向的差异性对层进行分类，并且针对 Inception/Residual 等复杂神经网络结构进行了专门优化，因此取得了较大的性

能提升。和基准方法对比，最高性能提升达到 4.03 倍，和其他方法中最好的相比也有 2.00 倍的最高提升。

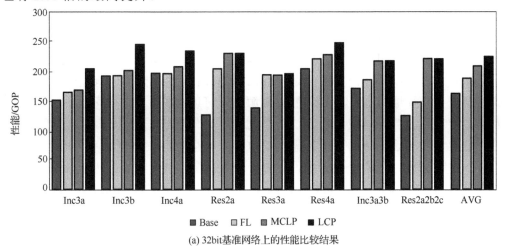

(a) 32bit基准网络上的性能比较结果

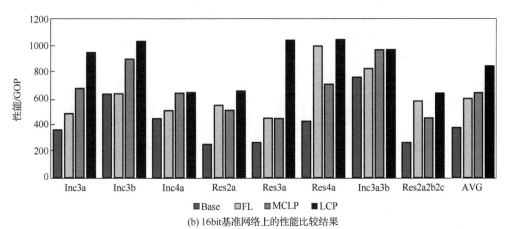

(b) 16bit基准网络上的性能比较结果

图 6.9　性能比较结果[19]

　　LCP 方法在 Res3a 16bit 上取得了 4 倍于基准方法的性能。为了更好地理解为何 LCP 方法取得很好的效果，我们选择 Res3a 16bit 这个测试基准来进行剖析。图 6.10 显示了 LCP 方法和基准方法在执行 Res3a 16bit 时计算资源和带宽资源利用率随时间变化的曲线。从图中可以看到，基准方法的利用率曲线波动很大，而且在相当长的一段时间内都不足 20%，说明大量硬件资源在执行过程中被浪费了。这是层级时间映射方法的固有缺点所导致的。首先，Res3a 16bit 中的四个卷积层的 OPD_{max} 分别等于 157.3、56.6、636.9 和 181.1，而硬件平台能够为 16bit 运算提供 320 的理论最大 OPD。前两层的 OPD_{max} 比硬件平台的 OPD 值低，所以它们更倾向于访存受限，需要更多的带宽，而浪费了计算资源。然后，正由于带宽受限，前两层无法应用较大的展开系数，而在层级时间映射方法下所有层的展开系数又必须是一致的，后两层也必须使用较小的展开系数，这就阻碍了它们充分地利用硬件资源。反之，LCP 方法的利用率更高而且更稳定。在大部分时间内，计算资源和带宽资源的利用率分别保持在 81.8% 和 96.1%，如图 6.10 所示。这需要归功于空间映射机制以及专门针对复杂神经网络的优化。第一，空间映射机制允许不同的层聚类并行地执行，所以它们的资源利用可以互补。第二，不同的层聚类在人工智能芯片上的不同区域执行，所以它们不必使用统一的展开系数，可以采用更合适的设计。这也帮助各个层聚类的执行时间很容易调整得相对平衡，使整体的执行时间最短。在这个例子中，层 2-2 所在的聚类由于分块粒度问题，才多花了少量时间。因为所有的层聚类同时启动并且在相近的时间内完成，所以硬件资源很少有空置的时候。第三，首层合并机制扩大了层的潜在并行度和数据局部性，片上层间数据传输机制则降低了带宽需求。这些优化手段一起使得更大的展开系数变得可行，也就使得更多的计算资源可以被利用起来。在上述几种因素的共同作用下，LCP 方法取得了更好的资源利用率和性能。

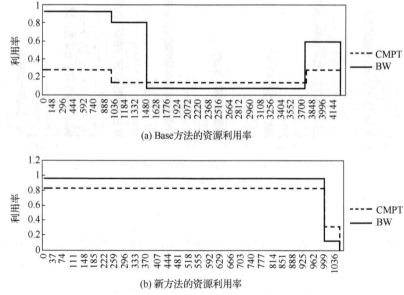

(a) Base方法的资源利用率

(b) 新方法的资源利用率

图 6.10　计算资源(CMPT)和带宽资源(BW)利用率随时间变化曲线[19]

参 考 文 献

[1]　Chen Y H, Krishna T, Emer J S, et al. Eyeriss: An energy-efficient reconfigurable accelerator

for deep convolutional neural networks[J]. IEEE Journal of Solid-State Circuits, 2017, 52(1):127-138.

[2] Yazdanbakhsh A , Falahati H , Wolfe P J , et al. GANAX: A unified MIMD-SIMD acceleration for generative adversarial networks[J]. ACM/IEEE 45th Annual International Symposium on Computer Architecture (ISCA), 2018, 1: 650-661.

[3] Peemen M, Setio A A A, Mesman B, et al. Memory-centric accelerator design for convolutional neural networks[C]. International Conference on Computer Design, Asheville, 2013:13-19.

[4] Zhang C, Li P, Sun G, et al. Optimizing FPGA-based accelerator design for deep convolutional neural networks[C]// ACM/SIGDA International Symposium on Field-Programmable Gate Arrays, Monterey: ACM, 2015:161-170.

[5] Motamedi M, Gysel P, Akella V, et al. Design space exploration of FPGA-based deep convolutional neural networks[C]. Design Automation Conference, Austin, 2016:575-580.

[6] Zhang C, Fang Z, Zhou P, et al. Caffeine: Towards uniformed representation and acceleration for deep convolutional neural networks[C]// International Conference on Computer-Aided Design, Austin: ACM, 2016:12.

[7] Wang Y, Xu J, Han Y, et al. DeepBurning: Automatic generation of FPGA-based learning accelerators for the neural network family[C]. Design Automation Conference, Austin, 2016:110.

[8] Rahman A, Lee J, Choi K. Efficient FPGA acceleration of convolutional neural networks using logical-3D compute array[C]. Design, Automation & Test in Europe Conference & Exhibition, Baden-Wutenberg, 2016:1393-1398.

[9] Shen Y, Ferdman M, Milder P. Maximizing CNN accelerator efficiency through resource partitioning[C]. ACM/IEEE, International Symposium on Computer Architecture, Toronto, 2017:535-547.

[10] Chen T, Du Z, Sun N, et al. A high-throughput neural network accelerator[J]. IEEE Micro, 2015, 35(3):24-32.

[11] Chen Y, Sun N, Temam O, et al. DaDianNao: A machine-learning supercomputer[C]. IEEE/ACM International Symposium on Microarchitecture, Waikiki, 2015:609-622.

[12] Peemen M, Shi R, Lal S, et al. The neuro vector engine: Flexibility to improve convolutional net efficiency for wearable vision[C]. Design, Automation & Test in Europe Conference & Exhibition, Baden-Wutenberg, 2016:1604-1609.

[13] Azarkhish E, Rossi D, Loi I, et al. Neurostream: Scalable and energy efficient deep learning with smart memory cubes[J]. IEEE Transactions on Parallel & Distributed Systems, 2017, (99):1.

[14] Yin S, Tang S, Lin X, et al. A high throughput acceleration for hybrid neural networks with efficient resource management on FPGA[J]. IEEE Transactions on Computer-Aided Design of Integrated Circuits and Systems, 2018, (99):1.

[15] Samuel W, Andrew W, David P, et al. Roofline: An insightful visual performance model for multicore architectures[J]. Communications of the ACM, 2009, 52(4):65-76.

[16] Cong J, Xiao B. Minimizing computation in convolutional neural networks[C]// Artificial Neural Networks and Machine Learning-ICANN 2014. Hamburg: Springer, 2014:281-290.

[17] Surhone L M, Tennoe M T, Henssonow S F. Long Short Term Memory[M]. Whitefish: Betascript Publishing, 2010.

[18] Alwani M, Chen H, Ferdman M, et al. Fused-layer CNN accelerators[C]. IEEE/ACM International Symposium on Microarchitecture, Taipei, 2016:1-12.

[19] Lin X, Yin S, Tu F, et al. LCP: A layer clusters paralleling mapping method for accelerating inception and residual networks on FPGA[C]// The 55th Annual Design Automation Conference, San Francisco: ACM, 2018: 16.

[20] Szegedy C, Liu W, Jia Y, et al. Going deeper with convolutions[C]. IEEE Conference on Computer Vision and Pattern Recognition, Boston, 2015:1-9.

[21] He K, Zhang X, Ren S, et al. Deep residual learning for image recognition[C]. IEEE Conference on Computer Vision and Pattern Recognition, Las Vegas, 2016.

[22] Ball G H, Hall D J. ISODATA: A novel method of data analysis and pattern classification[R]. Stanford Research Institute, Menlo Park, 1965.

第 7 章　人工智能芯片的存储优化

神经网络的发展高度依赖海量的数据，因此满足高效能深度学习的数据处理要求是人工智能芯片需要考虑的最重要因素。然而，处理器的存储能力和计算能力差距日益增大，引发了"存储器墙"问题，内存子系统成为芯片整体处理能力提高的瓶颈。即使是卷积神经网络这样的计算密集型（Computation-Intensive）网络，通常也需要大量的存储空间来保存其输入输出特征图和权重数据，如时下流行的 ResNet-152[1]就需要超过 200MB 的存储空间[2]。因此，在智能计算巨大的访存需求下，仅仅通过并行化来提高计算能力将难以达到预期的整体性能提升，同步提高存储能力才是打破"存储器墙"的关键。

弥补计算单元和存储器之间的差距，打破"存储器墙"的途径主要包括：①高带宽的数据通信技术，包括利用点对点的串行通信提升传输速度的高速 SerDes 技术，利用无感应、无干扰、速率高、密度大的光信号替代电信号实现互连的光互连技术，在处理器周围堆叠更多存储器件的 2.5D/3D 堆叠技术，等等。②让数据更靠近运算，即增加片上存储器的容量并使其更靠近计算单元，使得数据计算单元和内存之间的数据移动成本（时间和功耗）显著减少。例如，在处理器和主存之间增加高速缓存，增加嵌入式动态随机存取内存（Embedded DRAM，eDRAM）等高密度片上内存，等等。③具备计算能力的新型存储器。直接在存储器内部（或更近）实现计算，这种方法也被称为存内计算（Computing-in-Memory，CIM）或近数据计算（Near Data Computing，NDC）。目前，学术界已经有大量关于存内计算技术的研究工作，但由于其本质上属于模拟计算，计算精度受到模拟计算低信噪比的影响，其应用范围局限在对能效比要求极高的场景。本章重点讨论前两种存储技术在人工智能芯片设计应用中的优化技术，暂不涉及存内计算等新型存储器件技术。

在智能计算过程中，权重、输入、输出特征图以及中间累加结果都需要进行大量的访存操作，如果所有的数据都从片外获取将严重影响计算的吞吐率和能效。例如，AlexNet 的 MAC 运算总量约为 724MOP，而为了支撑这些运算需要的片外访存量则达到 30 亿次。为此，智能计算架构通常选择图 7.1 所示的多层次存储结构来平衡智能计算访存的大容量需求与高速需求。即在计算单元 PE 内部采用寄存器文件作为分布式局部存储器，满足计算的即时访存需求；在片内采用全局缓

存来存储需要重复访问的局部数据，以缓解片外访存压力；在片外集成大容量
DRAM，以满足智能计算的大数据负载存储需求。本章的存储优化技术着重针对
片外存储和片内存储访问技术两个部分进行探讨。

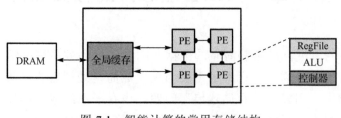

图 7.1　智能计算的常用存储结构

7.1　高密度片外存储技术

7.1.1　三维集成存储器技术

三维集成(3D Integration)存储器技术是缓解存储器墙问题的一种关键手段[3]。
一般使用硅通孔技术(Through-silicon-via，TSV)，将多块带有宽输入输出接口
(Wide I/O Interface)的存储器裸片在垂直方向上堆叠起来，以获得大存储容量[4]。
相比于传统的多片存储模块，三维集成的封装代价和功耗代价要小得多。被电子
器件工程联合委员会(Joint Electron Device Engineering Council，JEDEC)规定为工
业标准的高带宽存储器(High-bandwidth Memory，HBM)就是一种典型的三维集成
存储器[5]。

HBM 的基本结构[4]如图 7.2 所示，是在基底裸片上堆叠 4 个核心 DRAM(图
中的 4 个 Core Die)。其基底裸片是存储控制器和核心 DRAM 之间的接口。核心
DRAM 采用异构结构，其核心裸片在传统 DRAM 的结构上增加了硅通孔。每个
核心 DRAM 包含两个通道，每个通道具有 1GB 容量、128 个 I/O、8 个独立的存
储分区(Bank0～Bank7，图中用 B0～B7 表示)，具有独立的地址和点对点连接的
数据硅通孔，使不同通道的操作被隔离开来。

核心 DRAM 裸片的基本结构如图 7.3 所示。它与图形 DRAM 类似，但是每
片有两个通道。为了与基底裸片进行数据交互，每个通道的中间区域被划分为硅
通孔区域。这些硅通孔区域中包含着用于地址控制的地址(AWORD)硅通孔和用
于 I/O 控制的数据(DWORD)硅通孔。每个通道有 8 个存储分区(Bank)，由于 I/O

数量很大，一个存储分区被划分为两个子存储分区。每个子存储分区包含 64MB DRAM 单元，每个单元包含 8KB 字线和 8KB 位线。每个子存储分区有自己的 128 个全局 I/O 线，连接到 DWORD。每个 DWORD 硅通孔包含 32 个硅通孔 I/O。每个通道一共有 256 个全局 I/O 连接到硅通孔，如图 7.3 中的加粗箭头所示。

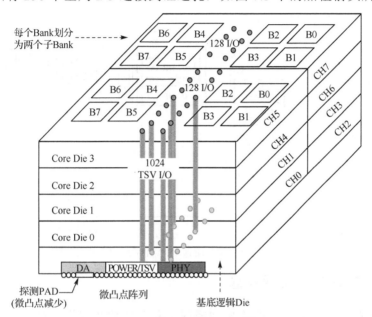

图 7.2　HBM 基本结构[4]

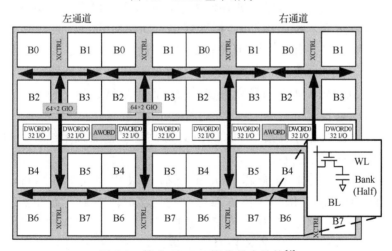

图 7.3　核心 DRAM 裸片基本结构[4]

人工智能芯片与 HBM 的集成有两种主要方式：垂直 3D 集成和"3D+2.5D"集成（图 7.4）。垂直 3D 集成方式是将 3D 存储器直接设置在计算单元的上面[6-10]，而"3D+2.5D"集成方式则是将宽接口的 3D 存储器设置在计算单元的两侧并一起集成到一个封装衬底[11-13]。这两种方式相比较而言，垂直 3D 集成方式需要针对各种不同的神经网络加速器的布局对 3D 存储器进行定制化，而且在带宽使用量很高的时候会产生严重的散热问题；而"3D+2.5D"集成方式则拥有更好的散热能力，被证明是一个更适用于高吞吐计算的解决方案[14-16]。

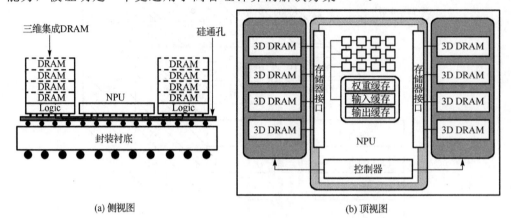

(a) 侧视图   (b) 顶视图

图 7.4   用于神经网络加速的"3D+2.5D"系统架构

7.1.2   3D DRAM 的高温问题

神经网络计算，尤其是全连接神经网络和循环神经网络计算，对带宽和存储需求量极大。为了满足这些带宽和存储需求，可以考虑结合 3D DRAM 等高密度片外存储技术。然而，按照 JEDEC 标准规定，DRAM 温度一旦达到 85℃，存储器的自刷新速率就必须翻倍[17]，且每提高 10℃就翻一倍，这会大幅降低 DRAM 的可靠性和性能。因此散热成为高密度片外存储必须解决的问题。谷歌的 TPUV3 芯片就使用了 3D DRAM 来满足高带宽需求，而为了解决随之而来的高温问题，甚至使用了水冷系统[18]。

现有的人工智能芯片直接与 3D DRAM 等高密度存储技术结合，导致高温问题的主要原因包括以下三点。

第一，传统的人工智能芯片大部分都是采用时分映射(Time Division Mapping，TDM)机制，例如，第 6 章提到的层级时间映射。而在实际应用中，包含有多种不同类型网络层(如卷积层、链接层等)的神经网络被广泛使用。在时分映射机制下，神经网络中的各种网络层依次执行，而不同网络层对于资源利用的倾向不同。一般来说，在执行卷积层的时候对于计算资源的需求量较大，而在执行全连接层和循环层的时候对于带宽资源的需求量较大。这样就会导致温度波动较大，峰值温度可能会很高。

第二，已有的人工智能芯片设计并不能充分利用片上缓存资源。它们通常将片上缓存分为相互独立的三部分，分别用于存储神经网络的输入、输出和权重数据[19-22]。然而，神经网络中不同类层对于片上缓存的需求也很不相同。如果给输入输出和权重数据各自分配固定大小的片上缓存，在执行整个神经网络的过程中，三种片上缓存的容量往往不能和实际的需求量良好匹配，造成浪费。片上缓存不能得到充分利用，就会造成片外存储访问更加密集，从而加剧高温问题。

第三，稀疏化并未节省片上缓存资源。在基于单指令多数据流计算单元的人工智能芯片对全连接层进行加速时，常常用到稀疏化技术。然而，目前基于 2D 计算单元阵列的人工智能芯片，通常片上缓存仍然保存密集(Dense)权重，也就是把稀疏化后的全连接层和循环层中被剪枝掉的部分再补上 0 然后保存。这种密集表示使得片上缓存资源不能得到稀疏化的收益，没有有效利用片上缓存资源，因此也会导致片外存储访问密集而加剧高温问题。

7.1.3　高温问题的解决思路

除了物理降温手段以外，从根源上避免高温的产生才是解决问题的关键。这就需要减少片外访存总量和优化片外访存行为模式。

3D DRAM 中的高温问题包含两个方面：一个是稳定高温；另一个是峰值温度过高。两者成因不同，又具有一定相关性，因此需要对两者进行联合优化才能解决问题。稳定高温主要受到片外访存总量的影响，因此可以采用免补零的稀疏化计算方式、全局缓存、面向缓存的分块和调度等优化手段来减少片外访存总量，降低稳定温度。峰值温度主要受到访存行为模式的影响，可以通过利用神经网络中不同类型的网络层之间访存需求的互补性，通过合理的资源分配和计算调度，平滑各个时刻的访存量来降低峰值温度。

7.1.4　计算架构优化

针对高密度访存带来的高温问题，图 7.5 给出一个优化架构 Parana，它是在第 4 章提出的人工智能芯片基本架构 Thinker 的基础上改进得到的。其基本思路是通过空间分割映射(Spatial Division Mapping，SDM)平滑访存行为来优化存储器的温度。为了减少访存总量，该架构采用基于高速暂存存储器(Scratch Pad Memory，SPM)的全局缓存、多寄存器缓存，以及面向缓存的分块和调度机制来最大化数据复用，并采用免补零的稀疏化计算方式。该架构主要由四个部分组成：可分区且可重构的计算单元阵列、全局 SPM 缓存、寄存器高速缓存和数据流控制器。

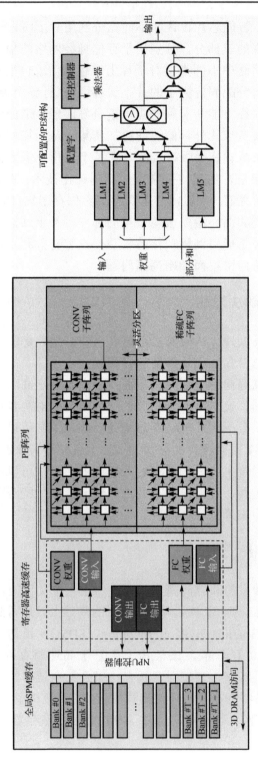

图7.5　空间分割映射计算架构

可分区且可重构的计算单元阵列：在加速神经网络时，使用时分映射机制(即第 6 章介绍的进行单层映射并串行执行多层的层级时间映射机制)可能会导致带宽利用率剧烈波动，造成瞬时温度过高。为了解决这个问题，采用空间分割映射让神经网络中计算更密集的部分(如卷积层)和访存更密集的部分(如全连接层和循环层)并行执行，利用两者在资源利用上的互补性来平滑整体的带宽占用率，从而降低峰值温度。为了实现空间分割映射，计算单元阵列需要具有分区的功能，不同的分区执行神经网络中的不同类型网络。以由卷积层和全连接层构成的神经网络为例，计算单元阵列被分为上下两部分，分别执行这两类网络。每个计算单元由包含配置字的控制器、乘累加单元、用于池化操作的最大化比较器和五块局部存储器(LM1~LM5)组成。为了更灵活地支持空间分割映射，每个计算单元的逻辑资源和局部存储资源都支持卷积和全连接这两种工作模式。

全局 SPM 缓存：这是 Eyeriss[23]采用的一种基于 SPM 的全局缓存设计技术，它通过在片上集成多个 SRAM 分区，每个分区具有自己独立的地址空间，以支持根据神经网络层需求灵活地分配输入、输出和权重数据的缓存空间，避免固定分区和实际数据量不匹配造成的浪费，以最大化 SPM 缓存容量的利用率。空间分割映射计算架构也借鉴了该技术。

寄存器高速缓存：虽然全局 SPM 缓存可以在每个周期中提供多个数据访问，但是很难同时为不同类型的数据请求进行服务，如输入/输出/权重这三种类型。因此，采用寄存器堆(Register File)组织成多个先入先出(First In First Out，FIFO)模式的寄存器高速缓存，用来桥接全局 SPM 缓存和计算单元阵列之间的数据流，全局 SPM 缓存通过时分复用的模式为多个寄存器高速缓存提供数据，以解决完成不同类型数据的并行访问这一问题。每次访问全局 SPM 缓存后，一个寄存器高速缓存被填满数据，然后每个周期提供数据到计算单元阵列。与 SPM 缓存不同，寄存器高速缓存不占用系统地址空间，且寄存器高速缓存中的临时数据都是 SPM 缓存的子集。

数据流控制器：用于配置计算单元阵列，管理全局 SPM 缓存，并对数据流进行调度，以在 3D 存储器不出现高温问题的前提下实现有效的神经网络加速。控制器首先加载配置信息来配置计算单元阵列上的数据通路。然后，控制器从 3D DRAM 加载数据，把不同类型的数据分别保存到全局 SPM 缓存的不同分区，并为计算单元阵列提供数据。当数据用尽后，神经网络的执行就完成了。

在计算单元的设计上，为了支持空间分割映射策略下不同的分区解决方案，空间分割映射计算架构中的计算单元支持配置为卷积或者稀疏化全连接两种模式。图 7.5 描绘了计算单元 PE 的结构，其中每个计算单元的工作模式由计算单元中的配置字决定，具体的计算过程则由计算单元控制器控制。每个计算单元内部的局部存储器和逻辑资源由两种计算模式所共享。

在稀疏化全连接计算模式下,计算单元的执行方式如图 7.6 所示。其中,图 7.6(a)是稀疏化全连接操作的原始表达,图 7.6(b)是其在计算单元上的执行过程。在稀疏化全连接模式下,输入和输出分别被保存在计算单元的局部存储器 LM1 和 LM5 中。LM2、LM3 和 LM4 则工作于 FIFO 模式,用于缓存全连接层中的非零权重值及对应的列/行坐标。在计算单元控制器的控制下,稀疏化的全连接层在计算单元上的计算包括四个步骤:①计算单元分别从 LM3、LM2 和 LM4 读取非零权重值及其列/行坐标;②计算单元使用列坐标来从 LM1 索引输入操作数(in[col]),并且用行坐标来索引保存在 LM5 中的部分和(out[row]);③计算单元执行乘累加操作:out[row]=in[col]×weight;④将得到的结果写回 LM5。这样一来,在计算过程中,片上缓存就不需要保存权重中的零值,可以省出更多的空间保存其他有效值,从而减少对片外存储器的访问量。需要注意的是,存储非零权重值的坐标也需要存储空间,所以稀疏度越高,这种计算方式的收益越大。

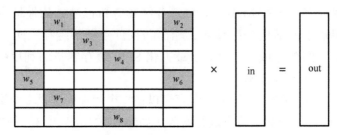

(a) 稀疏FC原来的密集表示

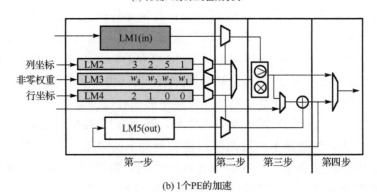

(b) 1个PE的加速

图 7.6　在计算单元中加速稀疏化全连接计算的例子

在卷积计算模式下,计算过程类似于脉动阵列数据流[23]。如图 7.7 所示,在每个计算单元中,LM1 保存输入特征图中的一行数据,LM2、LM3 和 LM4 保存卷积核中的一行权重数据。计算单元中的逻辑资源利用这些数据来计算出一行部分卷积和,然后计算单元将部分和保存在 LM5 以便和将来的结果进行累加。在计算单元控制器的控制下，每个计算单元中的卷积计算包括三个步骤：①计算单元从 LM2/LM3/LM4 读取一个权重（weight），从 LM1 读取一个输入（in），从 LM5 读取一个部分和；②计算单元执行乘累加操作： $out = in \times weight$ ；③生成的部分和被写回 LM5。

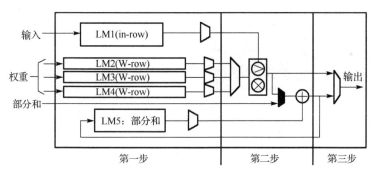

图 7.7　在计算单元中加速卷积计算的例子

在计算单元阵列的设计上，空间分割映射计算架构支持可重构和可动态划分。为了允许卷积和稀疏化全连接计算并行，它在计算单元阵列的边缘提供了独立的输入输出接口，以避免数据路径冲突。

图 7.8 展示了空间分割映射下的阵列划分和混合神经网络的数据流。在这个例子中，卷积和稀疏化全连接计算各占用一半阵列。两部分子阵列分别加速卷积和稀疏化全连接计算，各自拥有三个独立的寄存器高速缓存（输入、输出和权重）。

在负责稀疏化全连接计算的子阵列中，第 i 列的所有的计算单元均复制一份输入向量 in_i 和输出向量 out_i。非零权重值被统一分为若干个向量，向量总数等于计算单元阵列的行数。每一行计算单元计算非零权重的一个子向量。每个计算单元按照图 7.6 (b) 所示的方式进行稀疏化全连接计算。稀疏化全连接计算的数据流包括三个步骤：①输入操作数复制；②稀疏化全连接计算；③输出累加。在第①步中，输入操作数从底部的计算单元传播到整个子阵列，并保存到每个计算单元中的 LM1。输入神经元被垂直地在计算单元上复用。在第②步中，非零权重被统一划分成三部分，并逐个传播到计算单元阵列的相应行。每个计算单元将非零权重和自身保存的输入操作数相乘，并把乘积和自身保存的部分和进行累加。在第③步中，同一列的计算单元中的、属于同一个输出的部分和被累加起来，并从计算单元阵列上输出。

在负责卷积计算的子阵列中，数据流采用类似 Eyeriss 的脉动阵列形式。权重从顶部的计算单元载入并向下方传播，输入则从左上方的计算单元载入并向对角线方向传播，计算结果则从左向右发送最后写回寄存器高速缓存。

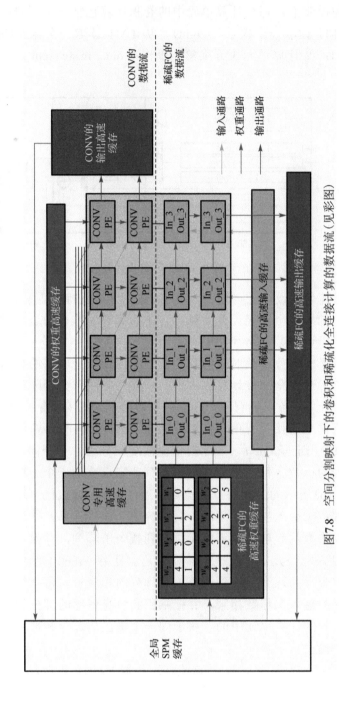

图7.8　空间分割映射下的卷积和稀疏化全连接计算的数据流（见彩图）

7.1.5　优化框架

为了在空间分割映射计算架构上加速一个特定的神经网络，提出一种空域资源划分和循环分块调度机制相结合的方法，来同时优化 3D 存储器的峰值温度和稳定温度。空域资源划分可以重塑 3D 存储器的访问行为，达到时间上平滑访存量的效果，从而降低峰值温度。循环分块和调度可以提高片上缓存的利用效率，降低 3D 存储器的访存总量，从而降低稳定温度。下面首先介绍循环分块和调度以及空域资源划分的最优化模型，然后介绍整个编译流程和执行流程。表 7.1 列出了后面将用到的符号。

表 7.1　符号一览

混合神经网络参数	B, DL	批大小与混合网络的数据位宽
	(R,C,M,N), K, $L_{ConvNet}$	卷积网络参数：(R,C) 表示特征图的行和列，M 表示输出特征图通道数，N 表示输入特征图通道数，K 表示卷积核尺寸，$L_{ConvNet}$ 表示卷积层数
	(I,O), SPA, $L_{FCNet/RNN}$	全连接层网络参数：I 表示输入神经元个数，O 表示输出神经元个数，SPA 表示稀疏化程度，L_{FCNet} 表示全连接/RNN 层数
架构配置	SPM	全局 SPM 缓存的存储容量
	PE	PE 阵列上的 PE 个数
存储划分	$SPM_{ConvNet}$, $SPM_{FCNet/RNN}$	用于缓存卷积网络、全连接网络对应的 SPM 容量大小
	$PE_{ConvNet}$, $PE_{FCNet/RNN}$	用于计算卷积网络、全连接网络对应的 PE 个数
分块与调度	(Tb, Tr, Tc, Tm, Tn)	卷积层的分块参数
	(Tb, Ti, To)	全连接层的分块参数
	CONV-ir, FC-ir	复用输入
	CONV-wr, FC-wr	复用权重
	CONV-or, FC-or	复用部分和

优化访存总量的循环分块和调度方法：前面介绍的全局 SPM 缓存的关键设计目标是在加速神经网络的时候最大化数据重用性。然而，Eyeriss 只采用了一种固定的数据流——行固定模式[23]。针对神经网络在带有 HBM 的人工智能芯片系统上执行时的高温问题，需要根据神经网络的不同类层采用最适合的计算调度方式，达到最有效的数据重用。

下面先以卷积层为例，介绍如何确定最合适的计算调度方式。第 5 章介绍了多种数据复用方式，这里主要考虑输入复用、输出复用以及权重复用这三种方式。第 6 章提到神经网络常常需要分块后进行处理，典型的分块方法是用分块参数 (Tr, Tc, Tm, Tn) 将卷积层在 R、C、M 和 N 维度上分成 (Tr×Tc×Tm×Tn) 大小的分块，然后逐分块进行计算。在空间分割映射模式下，每个计算阵列分区以内仍然是以循环分块的方法来依次执行各层的。卷积层被分成的分块数量计算如下：

$$N_{\text{Tile}} = \left\lceil \frac{R}{\text{Tr}} \right\rceil \times \left\lceil \frac{C}{\text{Tc}} \right\rceil \times \left\lceil \frac{M}{\text{Tm}} \right\rceil \times \left\lceil \frac{N}{\text{Tn}} \right\rceil \tag{7-1}$$

当分块参数确定了，无论采用何种数据复用方式，所需要的片上缓存数据量都是固定的，如下（i、o、w 分别表示输入、输出和权重）：

$$\begin{aligned} \text{SPM}_{\text{CONV-i}} &= \text{Tr} \times \text{Tc} \times \text{Tn} \\ \text{SPM}_{\text{CONV-o}} &= \text{Tr} \times \text{Tc} \times \text{Tm} \\ \text{SPM}_{\text{CONV-w}} &= \text{Tm} \times \text{Tn} \times K \times K \end{aligned} \tag{7-2}$$

如果没有进行任何针对数据复用的计算调度优化，那么每执行一个循环分块都要完全地从片外存储各读一次输入和权重数据，以及读一次和写一次输出数据，总的片外访存量也就等于：

$$\text{MA}_{\text{CONV-Original}} = (\text{SPM}_{\text{CONV-i}} + 2 \times \text{SPM}_{\text{CONV-o}} + \text{SPM}_{\text{CONV-w}}) \times N_{\text{Tile}} \tag{7-3}$$

在输入复用（IR）或者权重复用（WR）模式下，相应数据只需要读取一次，就会停留在片上缓存内直到被使用完毕，不会出现同一个数据从片外读取多于一次的情况。同理，在输出复用（OR）模式下，部分和会停留在片上直到累加完毕才保存出去。三种复用模式是互斥的，每一层网络只能选择一种，其各自的片外访存量如下：

$$\begin{cases} \text{MA}_{\text{CONV-ir}} = R \times C \times N + (2 \times \text{SPM}_{\text{CONV-o}} + \text{SPM}_{\text{CONV-w}}) \times N_{\text{Tile}} \\ \text{MA}_{\text{CONV-or}} = R \times C \times M + (\text{SPM}_{\text{CONV-i}} + \text{SPM}_{\text{CONV-w}}) \times N_{\text{Tile}} \\ \text{MA}_{\text{CONV-wr}} = M \times N \times K \times K + (\text{SPM}_{\text{CONV-i}} + 2 \times \text{SPM}_{\text{CONV-o}}) \times N_{\text{Tile}} \end{cases} \tag{7-4}$$

对于一组特定的分块系数，我们可以根据上述公式很容易地确定哪一种复用方式的片外访存量最小。卷积层最小化片外访存的优化问题可以描述如下：

$$\begin{cases} \min \text{MA}_{\text{CONV}} = \min(\text{MA}_{\text{CONV-ir}}, \text{MA}_{\text{CONV-or}}, \text{MA}_{\text{CONV-wr}}) \\ \text{s.t.} \quad \text{SPM}_{\text{CONV-i}} + \text{SPM}_{\text{CONV-o}} + \text{SPM}_{\text{CONV-w}} \leqslant \text{SPM}_{\text{ConvNet}} \end{cases} \tag{7-5}$$

对于全连接层（包括循环层），由于我们引入了批处理机制来使得其权重可复用，因此分块参数是 (Tb,Ti,To)。类似上面卷积层的建模方式，我们可以得到全连接层的分块数量为

$$N_{\text{Tile}} = \left\lceil \frac{B}{\text{Tb}} \right\rceil \times \left\lceil \frac{I}{\text{Ti}} \right\rceil \times \left\lceil \frac{O}{\text{To}} \right\rceil \tag{7-6}$$

全连接层所需要的片上缓存数据量为

$$\text{SPM}_{\text{FC-i}} = \text{Ti} \times \text{Tb}$$
$$\text{SPM}_{\text{FC-o}} = \text{To} \times \text{Tb} \tag{7-7}$$
$$\text{SPM}_{\text{FC-w}} = \text{Ti} \times \text{To} \times \text{SPA} \times 3$$

其中，SPA 是全连接层的稀疏度；3 是稀疏化全连接层的存储代价。每种数据复用方式的片外访存量分别为

$$
\begin{cases}
\text{MA}_{\text{FC-ir}} = I \times B + (2 \times \text{SPM}_{\text{FC-o}} + \text{SPM}_{\text{FC-w}}) \times N_{\text{Tile}} \\
\text{MA}_{\text{FC-or}} = O \times B + (\text{SPM}_{\text{FC-i}} + \text{SPM}_{\text{FC-w}}) \times N_{\text{Tile}} \\
\text{MA}_{\text{FC-wr}} = I \times O \times \text{SPA} \times 3 + (\text{SPM}_{\text{FC-i}} + 2 \times \text{SPM}_{\text{FC-o}}) \times N_{\text{Tile}}
\end{cases}
\tag{7-8}
$$

全连接层最小化片外访存的优化问题可以描述如下：

$$
\begin{cases}
\min \text{MA}_{\text{FC}} = \min(\text{MA}_{\text{CONV-ir}}, \text{MA}_{\text{CONV-or}}, \text{MA}_{\text{CONV-wr}}) \\
\text{s.t. } \text{SPM}_{\text{FC-i}} + \text{SPM}_{\text{FC-o}} + \text{SPM}_{\text{FC-w}} \leq \text{SPM}_{\text{FCNet/RNN}}
\end{cases}
\tag{7-9}
$$

在空间分割映射机制下，神经网络中每一种网络层（卷积层、全连接层、循环层等）都分配有一定的硬件资源。在给定资源下，在每个分区以内，对于要执行的每一层网络，通过枚举所有可能的分块参数，就可以得到该层的片外访存量最小的设计。将所有子网络所有层的访存量相加，就可以得到计算芯片执行整个神经网络总体所需要的访存量。

优化访存行为的空域资源划分方法：空间分割映射机制通过划分计算资源和片上缓存资源，使得多个子网络能够在计算芯片上并行地执行，从而使得总体访存行为在时间上更加平滑。由于全连接层和循环层主要成分都是全连接计算，我们将这两种网络层放到同一个分区来执行。

假设卷积部分分到的计算单元个数 PE_{CONV}，对于 (R,C,M,N,K) 大小的卷积层，其前向计算的时间为

$$T_{\text{CONV}} = (R \times C \times M \times N \times K^2)/(\text{PE}_{\text{CONV}} \times f) \tag{7-10}$$

假设该卷积层的片外访存量为 MA_{CONV}，则该卷积层所需要的带宽为

$$\text{BW}_{\text{CONV}} = \text{MA}_{\text{CONV}} / T_{\text{CONV}} \tag{7-11}$$

同理可以得到全连接层的前向计算时间为

$$T_{\text{FC}} = (M \times N \times \text{SPA})/(\text{PE}_{\text{FC}} \times f) \tag{7-12}$$

全连接层所需要的带宽为

$$\text{BW}_{\text{FC}} = \text{MA}_{\text{FC}} / T_{\text{FC}} \tag{7-13}$$

网络中的卷积部分、全连接部分和循环部分的前向计算时间等于各自所有层的计算时间之和：

$$\begin{cases} T_{\text{ConvNet}} = \sum_{l=1}^{L_{\text{CONV}}} T_{\text{CONV}}[l] \\ T_{\text{FCNet}} = \sum_{l=1}^{L_{\text{FC}}} T_{\text{FC}}[l] \\ T_{\text{RNN}} = \sum_{l=1}^{L_{\text{RNN}}} T_{\text{FC}}[l] \end{cases} \tag{7-14}$$

其中，l 是层编号；L_{CONV}、L_{FC} 和 L_{RNN} 是各部分的层数。

在 t 时刻，卷积层 CONV(t) 和全连接层或者循环层 FC(t) 同时在计算单元阵列上执行，则此时瞬时总带宽是它们所需要带宽之和：

$$\text{BW}(t) = \text{BW}_{\text{CONV}(t)} + \text{BW}_{\text{FC}(t)} \tag{7-15}$$

最终，我们对于资源划分问题的建模如下：

$$\begin{cases} \min T_{\text{NN}} = \max(T_{\text{CONV}}, T_{\text{FC}} + T_{\text{RNN}}) \\ \min \text{BW}_{\text{Peak}} = \max\{\text{BW}(t) \mid 0 \leqslant t \leqslant T_{\text{Hybrid-NN}}\} \\ \text{s.t.} \quad \text{PE}_{\text{CONV}} + \text{PE}_{\text{FC}} \leqslant \text{PE} \\ \text{SPM}_{\text{CONV}} + \text{SPM}_{\text{FC}} \leqslant \text{SPM} \end{cases} \tag{7-16}$$

需要注意的是，T_{NN}、BW_{Peak} 以及总的片外访存量 MA 分别主要影响计算芯片的吞吐量、3D 存储器的峰值温度和稳定温度，它们是相互影响的，可能无法同时达到最优。因此，这部分的模型需要和前面优化片外访存量的模型联合使用，根据实际需求调整各个目标的优先级，确定最合适的资源划分和分块调度方案。

图 7.9 总结了编译流程和执行流程。在编译阶段，编译器输入神经网络参数（从 Caffe 网络描述转化而来）和计算芯片的配置信息（包含硬件资源信息和各指标优先级等），输出资源分配（包括计算单元和 SPM 缓存等的分配）和调度方案。其核心是三个模型：空间分割映射的资源划分模型、卷积部分的循环分块和调度模型以及全连接部分的循环分块和调度模型。空间分割映射的资源划分模型主要用于引导计算芯片上的计算资源和缓存资源的划分。在给定的资源下，循环分块和调度模型用于寻找最大化数据复用和片上缓存利用的方案。根据各指标的优先级，编译器利用这些模型来搜索出最合适的配置，以控制计算芯片对神经网络进行加速。

在执行阶段，首先，计算芯片载入编译器给出的配置信息。然后，计算芯片控制器根据资源配置信息对计算单元阵列进行分区，并配置每个计算单元的功能。同时，控制器也对 SPM 缓存进行分配。调度配置信息则被用于控制计算芯片内以及计算芯片与 3D 存储器之间的数据流。

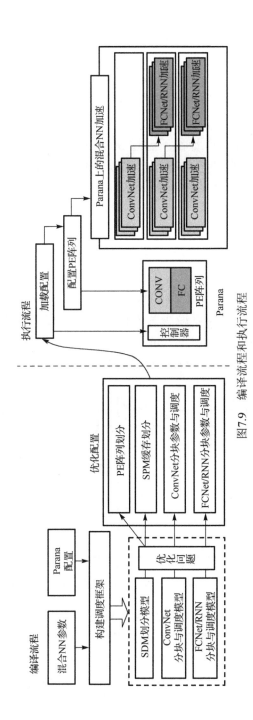

图7.9　编译流程和执行流程

7.2　高密度片上存储技术

传统的人工智能芯片，通常使用 SRAM 作为片上存储器。然而有限的芯片面积，限制了它们的片上存储容量。例如，当前几款流行的人工智能芯片 DianNao、Eyeriss、Envision[24]、Thinker[25]，如果都按照 65nm 工艺进行估算，芯片面积为 $3\sim20\text{mm}^2$，片上存储容量都不超过 500KB。因此，这些人工智能芯片在运行常见的神经网络时，难以避免地会产生频繁的 DRAM 访问，这会造成较大的系统能耗开销。因此，片上存储问题是人工智能芯片设计中必须解决的一个重要问题。

如图 7.10 所示，每个 eDRAM 存储单元由一个晶体管(Access Transistor)和一个电容(Storage Capacitor)构成。数据的逻辑值以电荷的形式存储在电容中。eDRAM 相比于传统 SRAM 具有更高的存储密度。如表 7.2 所示，在 65nm 工艺节点下，32KB 的 eDRAM 面积开销仅为同等容量 SRAM 的 26%[26]。它可以替代传统 SRAM 作为片上存储以减少片外访问，并且已经被应用于一些人工智能芯片[27-30]中，例如，寒武纪的 DaDianNao[27]，片上集成的 eDRAM 总存储容量达到 36MB，远超出能够集成的 SRAM 存储容量。

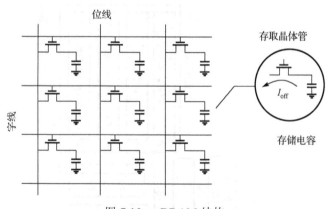

图 7.10　eDRAM 结构

然而，eDRAM 存储单元中的晶体管漏电电流 I_{off} 会导致电容电荷随时间逐渐丢失，所以 eDRAM 需要周期性的刷新操作来维持数据正确性。通常，为了保证程序执行过程中所有存储单元的数据都不会出错，刷新间隔取 eDRAM 数据维持能力最弱的单元所对应的数据维持时间。例如，IBM 65nm 工艺节点的 eDRAM 的数据维持时间为 $45\mu\text{s}$[31]。

表 7.2　SRAM 和 eDRAM 的特性比较(32KB，65nm 工艺节点)

参数	SRAM	eDRAM
数据存储类型	锁存器	电容
面积	0.181mm^2	0.047mm^2
存取延迟	1.730ns	1.541ns
存取能耗	1.139pJ/bit	0.662pJ/bit
刷新能耗	—	0.788μJ/存储分区(bank)
维持时间	—	<100μs
特点	(+)速度快 (−)面积大	(+)面积小 (−)需要刷新

　　已有研究表明，刷新能耗是 eDRAM 总能耗的主要来源[32]，而且会占据整体系统能耗的较大比重[33]。因此，使用 eDRAM 带来的额外刷新能耗开销不容忽视。在基于 eDRAM 片上存储的智能计算平台上测试 ResNet，同样发现刷新能耗占据系统总能耗的很大比重。尽管高密度的 eDRAM 片上存储可以显著减少片外存储访问，但是所节省的能耗却可能被刷新能耗抵消。

　　如果数据在 eDRAM 中的生存时间小于 eDRAM 的数据维持时间，那么系统就不再需要对于此数据进行刷新操作。由此可以得到两个优化方向：减少数据生存时间和增大数据维持时间。由此，我们提出一种基于 eDRAM 高密度片上存储器的新型加速框架——数据生存时间感知的神经网络加速框架(Retention-Aware Neural Acceleration，RANA)[34]，以优化整体系统能耗。图 7.11 所示为 RANA 的工作流程。RANA 框架以人工智能芯片和目标神经网络的具体参数为输入，分别从训练、调度和架构三个层次着手共同降低 eDRAM 刷新能耗，优化系统能耗。

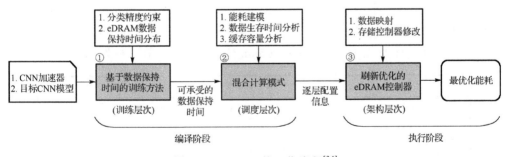

图 7.11　RANA 的工作流程[34]

　　(1)训练层次：提出一种数据生存时间感知的训练方法，重新训练网络，提高网络对数据错误(Retention Failure)的容错能力。该方法在网络训练的过程中，以一定的概率向输入和权重数据中注入数据错误。在给定的精度约束下，该训练方法将得到最大可容忍的错误率，然后根据 eDRAM 的维持时间特性曲线，得到对应的最大可容忍的维持时间，这通常会比 eDRAM 标称的数据维持时间要长。

(2)调度层次：提出一种神经网络分层的混合计算模式，根据芯片参数及 DNN 网络参数，对网络每一层的计算分别调度，并分配最优的计算模式。计算模式的探索过程被抽象为一个目标为系统能耗最小化的优化问题。其中，系统能耗的建模考虑了计算能耗、片上访存能耗、刷新能耗和片外访问能耗。调度结果会被编译成分层的配置信息(包括可容忍的数据维持时间、每层的计算模式及刷新标志)，作为执行阶段的硬件配置。

(3)架构层次：设计一个刷新优化的 eDRAM 控制器。相比于传统的 eDRAM 控制器加入一个可编程的时钟分频器、各 eDRAM 分区独立的刷新触发器和刷新标志位，以实现对每个存储分区独立的刷新控制，进一步降低刷新能耗。

前两个层次的工作主要是在编译阶段生成人工智能芯片的配置信息；第三层次的工作主要是在执行阶段基于配置信息重构芯片的执行方式，决定每个分区分别存储什么数据类型、是否需要刷新以及刷新周期，最终实现优化能耗的目标。

7.2.1　实验分析平台和优化方向

建立图 7.12 所示的实验分析平台来研究基于 eDRAM 的人工智能芯片。首先，依据目前主流人工智能芯片[19, 23-25]的资源规模和资源开销，抽象出一个基于 SRAM 的基准人工智能芯片：256 个 PE 按照 16 行 16 列展开，工作频率为 200MHz，每个 PE 内包含一个乘累加单元，片上 SRAM 存储容量为 384KB，计算核心单元内的存储容量为 36KB，用来存储输入数据、输出数据以及权重数据的缓存资源被统一在联合缓存系统中。在 TSMC 65nm GP 工艺下的总面积为 5.682mm^2。

实验平台配置	
CNN 加速器	256 个乘加器，384KB SRAM, 200MHz, 5.682mm^2，65nm
eDRAM	1.454MB，数据保持时间=45μs,65nm
Layer-A(res4a_branch1)	M=1024, N=256, R=C=14, K=1, S=2
Layer-B(vgg_conv9)	M=512, N=256, R=C=28, K=3, S=1

图 7.12　验证平台配置参数

　　在确定优化方向前，先以残差网络中的 res4a_branch1 为例（卷积核为 1×1× 256×1024，步长为 1，输出特征图尺寸为 14×14×1024），从缓存容量和数据维持时间两方面展开分析。假设采用图 7.13 所示的循环分块机制，其输入数据、权重数据以及输出数据对缓存的要求按照如下的公式计算：

$$\mathrm{BS}_i = N \times H \times L, \quad \mathrm{BS}_o = Tm \times Tr \times Tc, \quad \mathrm{BS}_w = N \times Tm \times K^2 \qquad (7\text{-}17)$$

在 16bit 的精度下，$\mathrm{BS}_i + \mathrm{BS}_o + \mathrm{BS}_w = 785\mathrm{KB}$。这个数值已经超过了基于 SRAM 的处理器缓存容量（348KB，$Tm, Tn, Tr, Tc = 1$）。尽管在同样的面积下，基于 eDRAM 的缓存（1.454MB）可以存储下如此量级的数据，但面对拥有更大数据量的神经网络层时，也不可避免产生了额外的片外访问问题。

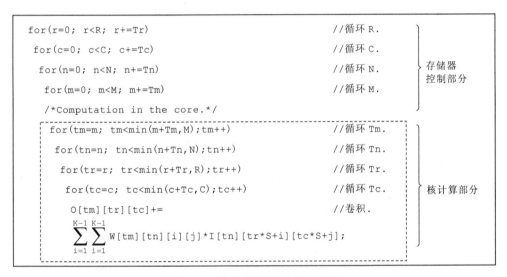

图 7.13　卷积层循环分块伪代码

　　在数据维持时间方面，输入数据在缓存中的生存时间为 $\mathrm{LT}_i = \dfrac{M \times N \times R \times C \times K^2}{\mathrm{MAC} \times \mathrm{Frequency} \times \rho}$，其中，MAC、Frequency、$\rho$ 分别代表了阵列单元数目（=256）、工作频率（=200MHz）以及 PE 的利用率。权重数据在缓存中的生存时间为 $\mathrm{LT}_w = \dfrac{Tm \times N \times R \times C \times K^2}{\mathrm{MAC} \times \mathrm{Frequency} \times \rho}$。由于输出数据会被保存在 PE 中进行通道维度的累加，即完成 LOOP M 的循环运算，此后将立刻被传输到片外，因此它们的数据生存时间可以认为是 $\mathrm{LT}_o = 0$。以例子中的网络而言，$\mathrm{LT}_o < \mathrm{LT}_w < \mathrm{LT}_i = 2294\mu s$，这个生存时间已经远远超出 eDRAM 的数据维持时间（45μs），因此刷新的操作不可避免。

因此，平台的优化可以从两个方向着手：一是，减少数据对片上缓存的需求，使之尽可能小于架构本身的容量，以减少额外的片外访问；二是，减少数据的生存时间，使之尽可能小于 eDRAM 的数据维持时间，以减少额外的刷新功耗。

7.2.2　训练层次优化：数据生存时间感知的训练方法

在 7.2.1 节给定例子的网络中，几乎所有网络层的数据生存时间都远远高于 eDRAM 的数据维持时间，刷新操作在所难免。图 7.14 是一个典型的 eDRAM 的数据维持时间分布曲线图，其横轴表示数据维持时间，纵轴表示低于给定数据维持时间时，eDRAM 中存储单元的错误率。从图中可以看到，对于一个 32KB 的 eDRAM，数据维持时间最短的存储单元通常出现在 45μs 处，对应的错误率大约为 10^{-6} 量级。然而，从曲线的走势来看，在一定范围内适当增加数据维持时间，并不会显著地增加错误率。

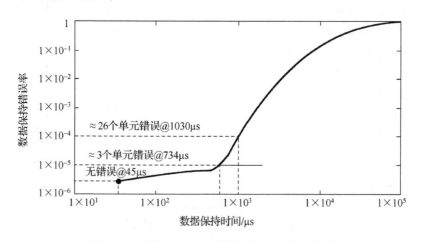

图 7.14　典型 eDRAM 数据维持时间分布曲线

因此，可以利用 DNN 的容错能力来重新训练网络使其能承受更高的错误率，以获得更长的"可容忍"的数据维持时间。如图 7.15 所示，RANA 在训练的正向过程中对输入和权重数据加入一个掩膜(Layer Mask)以引入误差。这个掩膜会以一定的错误率对每个比特注入误差。经过反复的训练，如果最终的精度损失可以接受，那么就认为网络可以承受当前的错误率。经试验发现，对于 AlexNet、VGG、GoogLeNet 和 ResNet 这四种网络，错误率提高到 10^{-5} 后网络精度仍没有损失，此时对应的"可容忍"的数据维持时间提高到了 734μs，因此可以以更低的频率刷新甚至消除刷新操作。

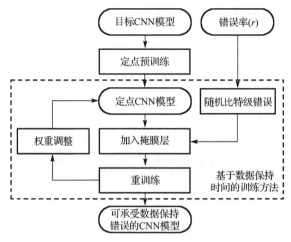

图 7.15　训练层次优化：数据生存时间感知的训练方法

7.2.3　调度层次优化：神经网络分层的混合计算模式

一个卷积运算可分成四个层次的循环。如图 7.16 所示，分别包含循环 N、R、C、M。N 和 M 分别代表输入与输出特征图的通道数，R、C 分别代表权重的参数。图中展示的是三种典型的计算模式 Input Dominant（ID）、Output Dominant（OD）、Weight Dominant（WD），分别用多层循环的形式表示，它们的差别主要体现在内外层循环的交换。我们发现，数据生存时间和片上存储需求与循环顺序，特别是最外层循环极为相关。

在输入、输出和权重这三类数据中，输出数据的生存时间与另两种数据类型完全不同。首先以 ID 为例，与输入、权重这种静态存储在缓存中的数据不同，输出数据会在累加的过程中不断刷新，这种刷新会对 eDRAM 存储单元重新充电进而恢复之前丢失的电荷。这一过程和周期性刷新操作本质上是一样的。因此，如图 7.16 所示，如果把输出数据作为最外层循环迭代变量，数据生存时间将会非常短。当然，此时必须在片上存下全部的输出数据以避免片外访存。

其次以 OD 为例，将 Loop N 循环放置在最外层，其余层的遍历循环与 ID 一样。这样一来，第 2 层的循环将计算完所有的输出，并且将它们存储在输出缓存中。此时缓存的容量需求如下：

$$BS_i = Tn \times H \times L, \quad BS_o = M \times R \times C, \quad BS_w = Tn \times Tm \times K^2 \tag{7-18}$$

输入/输出/权重数据的生存时间分别为

$$LT_i = LT_o = T_2 = \frac{M \times Tn \times R \times C \times K^2}{MAC \times Frequency \times \rho}, \quad LT_w = T_1 = \frac{Tm \times Tn \times R \times C \times K^2}{MAC \times Frequency \times \rho} \tag{7-19}$$

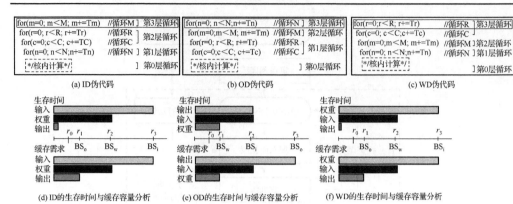

图 7.16　三种典型的计算模式及其生存时间/缓存需求分析

这样一来，可以调整某些参数来控制数据的生存时间。例如，通过减小 Tn 来减少刷新时间，但同时也意味着较少的数据存储在计算核心中，这样反而导致了更多的片外访存次数。

最后对 WD 进行分析。随着网络层数的递增，它们的特征通道数越来越多（从 3 增加到 512，1024 甚至 2048），它的输入以及输出特征尺寸会减小，但同时权重数据量反而会增加。针对这类情况，将循环 R 和 C 置为最外层，其余的顺序与 ID 模式保持一致。在这样的计算模式中，在计算过程中所需的权重数据都被保存在片上，此时缓存的需求如下：

$$\mathrm{BS_i} = N \times \mathrm{Th} \times \mathrm{Tl}, \quad \mathrm{BS_o} = \mathrm{Tm} \times \mathrm{Tr} \times \mathrm{Tc}, \quad \mathrm{BS_w} = N \times M \times K^2 \qquad (7\text{-}20)$$

通过上面的分析发现，增加分割参数的值会降低访存次数，但同时带来了数据生存时间的增加以及缓存容量的增加。我们提出神经网络分层的混合计算模式，根据芯片参数及 DNN 参数，对网络的每一层分配一个最优的计算模式。计算模式的探索过程被抽象为一个目标为系统能耗最小化的优化问题。

首先，建立一个如下的系统能耗模型用于能耗评估：

$$\mathrm{Energy} = \alpha \times E_{\mathrm{mac}} + \beta_b \times E_{\mathrm{buffer}} + \gamma \times E_{\mathrm{refresh}} + \beta_d \times E_{\mathrm{ddr}} \qquad (7\text{-}21)$$

系统能耗由计算能耗、片上访存能耗、刷新能耗和片外访存能耗构成。E_{mac}、E_{buffer}、E_{refresh} 和 E_{ddr} 分别表示乘加操作、片上访存、刷新操作和片外访存的单位能耗，与表 4.3 中所列出的数值对应。单位能耗前的系数表示上述操作的总次数。其中，α 表示当前层的乘加操作总数。片上缓存访问次数 β_b 和片外 DRAM 访问次数 β_d 由本书第 5 章中介绍的方法精确建模得到[35]。刷新操作数量 γ 通过在实验平台上进行数据生存时间分析得到。

具体调度方法如图 7.17 所示，调度结果会被编译成分层的配置信息（包括

"可容忍"的数据维持时间、每层的计算模式及刷新标志），以用于执行过程的硬
件配置。

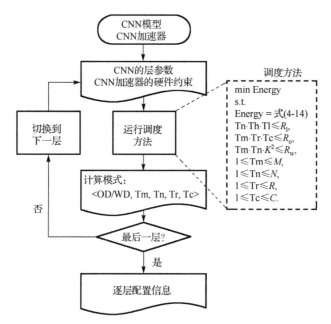

图 7.17　调度层次优化：神经网络分层的混合计算模式

7.2.4　架构层次优化：刷新优化的 eDRAM 控制器

针对不同的计算模式，权重数据/输入特征图数据/输出特征图数据对缓存的需
求也会不同。因此 eDRAM 必须能够匹配不同数据模型下的数据需求。在传统的
eDRAM 控制器中，所有的 eDRAM 分区都以最保守的刷新周期进行刷新。但是
通过之前的分析看到，不同的计算模式下数据的生存时间不一样，所以为了提高
能效，eDRAM 需要匹配不同的数据类型进行不同的刷新操作。

本节提出的方案对 eDRAM 控制器稍加改造，如图 7.18 所示，加入一个可编
程的时钟分频器、各 eDRAM 分区独立的刷新触发器和刷新标志位。控制器的配
置信息来自于前两个技术的编译结果，具体将决定每个分区分别存储什么数据类
型、是否需要刷新以及刷新周期。

7.2.5　实验结果

我们基于以上的框架在神经网络加速器上进行了评估，其中加速器采用了
TSMC 65nm GP 技术，选用的网络模型为 AlexNet、VGG、GoogleNet 和 ResNet。
我们选取了三种基准设计：S+ID 表示采用 SRAM 存储器并用 ID 计算模式，eD+ID

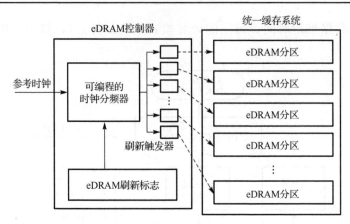

图 7.18 架构层次优化：刷新优化的 eDRAM 控制器

表示采用 eDRAM 存储器并用 ID 计算模式，eD+OD 表示采用 eDRAM 存储器并用 OD 计算模式。此外，RANA(0) 模式是使用了 eD+OD 的模式，RANA(E-5) 使用了数据生存时间感知的训练方法，将错误率控制在大约 10^{-5} 量级，而 RANA*(E-5) 则是加入了刷新优化机制的 eDRAM 控制器。因此 eDRAM 的刷新时间大约为 734μs。

图 7.19 展示了这 6 种设计在系统能耗方面的对比情况。为了更好地表现效果，所有的能耗数值都以 S+ID 为基准进行归一化。与 S+ID 相比，eD+ID 具有更大的片上缓存容量(1.454MB eDRAM 和 384KB SRAM)，因此平均减少了 40.3%的片外访存，但因为额外的 eDRAM 刷新能耗，eD+ID 的总能耗比 S+ID 提升了 13.3%。尤其是对于 AlexNet 网络而言，由于它的规模相对较小，没有额外的片外访存，刷新操作占据了较大的能耗比重，因此 eD+ID 模式在 AlexNet 上达到 2.3 倍的能耗增加。而与 eD+ID 方式进行比较，eD+OD 的模式拥有较短的数据生存时间，也就消除了许多刷新操作，因此平均节省了 43.7%的刷新能耗。其余几个优化模式也取得了不错的效果，如 RANA(0) 相比于 eD+OD 模式节省了 19.4%的总能耗，这是因为混合计算模式比单纯的 OD 计算模式节省了更多的片外访存。

从图 7.19 可以看到，从 RANA(0) 到 RANA(E-5) 具有明显的能耗降低，这主要是因为刷新次数的减少，RANA(E-5) 拥有更长的"可容忍"的数据维持时间以及刷新间隔。因此继续针对数据维持时间进行了探究性的工作，如图 7.20 所示，随着数据维持时间的增加，刷新能耗会显著地降低。选取 eD+ID、eD+OD 和 RANA(0) 三种模型，并将数据维持时间的跨度设置为 45~1440μs。可发现 eD+OD 组合始终比 eD+ID 的组合消耗更少的刷新能耗，并且随着数据维持时间的增加，效果会更显著。例如，当时间从 90μs 增加到 180μs 时，刷新间隔也随之翻倍，eD+ID 的刷新能耗降低了 50%，而 eD+OD 的刷新能耗降低了 80.1%。

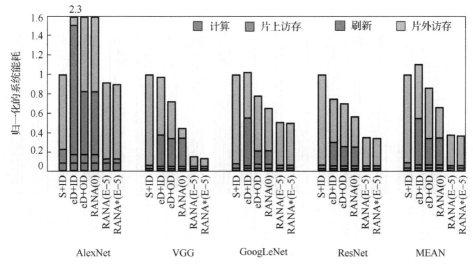

图 7.19　RANA 框架系统级能耗分析（见彩图）

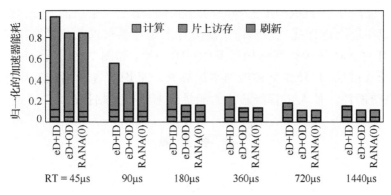

图 7.20　加速器在 ResNet 上的能耗比较（见彩图）

在此之上，继续进行更细粒度的探究，即针对 VGG 网络中的每一层信息进行不同模式的比较。如图 7.21 所示，在第 2～8 层，RANA(0) 表现出显著能耗降低的效果，这是因为 WD 取代了 OD 被选为这些层的计算模式。这 7 层的缓存容量需求均超过了 1.454MB 的 eDRAM 缓存大小。在 WD 计算模式的帮助下，缓存容量需求得以降低，节省了 79.5%～91.6%的片外访存。尽管因为 WD 计算模式的缘故，刷新能耗稍有上升，整体系统能耗仍然降低了 47.8%～67.0%。在其他网络层上，RANA(0) 根据系统能耗模型选择能耗最优的 OD 计算模式，所以它的能耗与 OD 计算模式一样。对于整个 VGG 而言，由于混合计算模式的引入，RANA(0)总共降低了 19.4%的系统能耗。

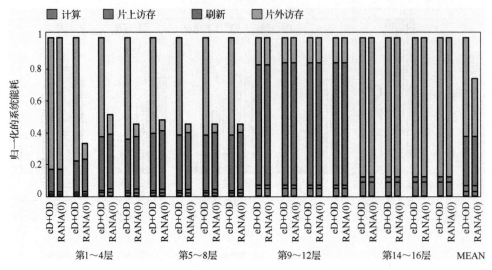

图 7.21　eD+OD 和 RANA(0)在 VGG 网络上的逐层分析系统能耗对比(见彩图)

　　总体来说，基于 eDRAM 的神经网络加速框架从三个层面——训练层次、调度层次、架构层次进行优化，从而来缓解片上缓存需求以及计算能耗问题，与同面积下采用 SRAM 的神经网络加速器(S+ID)相比，如图 7.19 所示，RANA*(E-5)在执行实验选取的 4 种典型神经网络运算时，平均节省了 65.2%片外访存以及61.7%的系统能耗，使人工智能芯片的能量效率获得大幅提高。

参 考 文 献

[1]　He K, Zhang X, Ren S, et al. Deep residual learning for image recognition[C]. IEEE Conference on Computer Vision and Pattern Recognition. IEEE Computer Society, Las Vegas, 2016:770-778.

[2]　Azarkhish E, Rossi D, Loi I, et al. Neurostream: Scalable and energy efficient deep learning with smart memory cubes[J]. IEEE Transactions on Parallel & Distributed Systems, 2017, (99):1.

[3]　Lau J H. Evolution, challenge, and outlook of TSV, 3D IC integration and 3d silicon integration[C]. International Symposium on Advanced Packaging Materials, Xiamen, 2011:462-488.

[4]　Dong U L, Kim K W, Kim K W, et al. A 1.2V 8Gb 8-channel 128GB/s high-bandwidth memory (HBM) stacked DRAM with effective I/O test circuits[J]. IEEE Journal of Solid-State Circuits, 2014, 50(1):191-203.

[5]　JEDEC. JEDEC 3D ICs interface[EB/OL]. https://www.jedec.org/category/technology-focus-area/3d-ics[2016-05-21].

[6]　Kim D, Kung J, Chai S, et al. Neurocube: A programmable digital neuromorphic architecture with high-density 3D memory[J]. ACM SIGARCH Computer Architecture News, 2016, 44(3):380-392.

[7]　Gao M, Pu J, Yang X, et al. TETRIS: Scalable and efficient neural network acceleration with 3D memory[J]. ACM SIGOPS Operating Systems Review, 2017, 51(1):751-764.

[8]　Kgil T, D'Souza S, Saidi A, et al. PicoServer: Using 3D stacking technology to enable a compact energy efficient chip multiprocessor[C]// International Conference on Architectural Support for Programming Languages and Operating Systems. San Jose: ACM, 2006:117-128.

[9]　Loi G L, Agrawal B, Srivastava N, et al. A thermally-aware performance analysis of vertically integrated (3D) processor-memory hierarchy[C]// Design Automation Conference. San Francisco, ACM, 2006:991-996.

[10]　Loh G H. 3D-stacked memory architectures for multi-core processors[J]. ACM SIGARCH Computer Architecture News, 2008, 36(3):453-464.

[11]　Zhao J, Sun G, Loh G H, et al. Optimizing GPU energy efficiency with 3D die-stacking graphics memory and reconfigurable memory interface[J]. ACM Transactions on Architecture & Code Optimization, 2013, 10(4):1-25.

[12]　Nervana. Nervana engine, hardware optimized for machine learning[EB/OL]. https://www.nervanasys.com/technology/engine/[2017-08-10].

[13]　Computing W. Deep learning computers powered by dataflow technology[EB/OL]. http://wavecomp.com/technology/[2018-03-18].

[14]　Macri J. AMD's next generation GPU and high bandwidth memory architecture: FURY[C]. Hot Chips 27 Symposium, Cupertino, 2016:1-26.

[15]　NVIDIA. Pascal GPU architecture[EB/OL]. http://www.nvidia.com/object/gpu-architecture.html [2010-06-29].

[16]　Sodani A. Knights landing (KNL): The 2nd generation Intel® Xeon PHI Processor[C]. Hot Chips 27 Symposium, Cupertino, 2016:1-24.

[17]　JEDEC Standard. DDR3 SDRAM Specification, JESD79-3E(Revision of JESD79-3D). JEDEC Solid State Technology Association, 2010.

[18]　Thomson I. Meet TPU 3.0: Google teases world with latest math coprocessor for AI[EB/OL]. https://www.theregister.co.uk/2018/05/09/google_tpu_3/[2018-06-12].

[19]　Chen T, Du Z, Sun N, et al. DianNao: A small-footprint high-throughput accelerator for ubiquitous machine-learning[J]. ACM SIGPLAN Notices, 2014, 49(4):269-284.

[20] Zhang C, Li P, Sun G, et al. Optimizing FPGA-based accelerator design for deep convolutional neural networks[C]// ACM/SIGDA International Symposium on Field-Programmable Gate Arrays. Monterey: ACM, 2015:161-170.

[21] Zhang C, Fang Z, Zhou P, et al. Caffeine: Towards uniformed representation and acceleration for deep convolutional neural networks[C]// International Conference on Computer-Aided Design. Austin: ACM, 2016:12.

[22] Qiu J, Wang J, Yao S, et al. Going deeper with embedded FPGA platform for convolutional neural network[C]// ACM/SIGDA International Symposium on Field-Programmable Gate Arrays. Austin: ACM, 2016:26-35.

[23] Chen Y H, Krishna T, Emer J S, et al. Eyeriss: An energy-efficient reconfigurable accelerator for deep convolutional neural networks[J]. IEEE Journal of Solid-State Circuits, 2017, 52(1):127-138.

[24] Moons B, Uytterhoeven R, Dehaene W, et al. Envision: A 0.26-to-10TOPS/W subword-parallel dynamic-voltage-accuracy-frequency-scalable convolutional neural network processor in 28nm FDSOI[C]. 2017 IEEE International Solid-State Circuits Conference (ISSCC), San Francisco, 2017: 246-247.

[25] Yin S, Ouyang P, Tang S, et al. A high energy efficient reconfigurable hybrid neural network processor for deep learning applications[J]. IEEE Journal of Solid-State Circuits, 2018, 53(4): 968-982.

[26] Poremba M, Mittal S, Li D, et al. DESTINY: A tool for modeling emerging 3D NVM and eDRAM caches[C]. Proceedings of the 2015 Design, Automation & Test in Europe Conference & Exhibition. EDA Consortium, Grenoble, 2015: 1543-1546.

[27] Chen Y, Luo T, Liu S, et al. DaDianNao: A machine-learning supercomputer[C]. Proceedings of the 47th Annual IEEE/ACM International Symposium on Microarchitecture. IEEE Computer Society, Cambridge, 2014: 609-622.

[28] Judd P, Albericio J, Hetherington T, et al. Stripes: Bit-serial deep neural network computing[C]. The 49th Annual IEEE/ACM International Symposium on Microarchitecture, Taipei, 2016: 1-12.

[29] Albericio J, Judd P, Hetherington T, et al. Cnvlutin: Ineffectual-neuron-free deep neural network computing[C]. 2016 ACM/IEEE 43rd Annual International Symposium on Computer Architecture (ISCA), Seoul, 2016: 1-13.

[30] Albericio J, Delmás A, Judd P, et al. Bit-pragmatic deep neural network computing[C]// Proceedings of the 50th Annual IEEE/ACM International Symposium on Microarchitecture. Boston: ACM, 2017: 382-394.

[31] Kong W, Parries P C, Wang G, et al. Analysis of retention time distribution of embedded DRAM-A new method to characterize across-chip threshold voltage variation[C]. International Testing Conference, Santa Clara, 2008: 1-7.

[32] Chang M T, Rosenfeld P, Lu S L, et al. Technology comparison for large last-level caches (L 3 Cs): Low-leakage SRAM, low write-energy STT-RAM, and refresh-optimized eDRAM[C]. The 19th International Symposium on High Performance Computer Architecture (HPCA2013), Shenzhen, 2013: 143-154.

[33] Wilkerson C, Alameldeen A R, Chishti Z, et al. Reducing cache power with low-cost, multi-bit error-correcting codes[J]. ACM SIGARCH Computer Architecture News, 2010, 38(3): 83-93.

[34] Tu F, Wu W, Yin S, et al. RANA: Towards efficient neural acceleration withrefresh-optimized embedded DRAM[C]. 2018 ACM/IEEE 45th Annual International Symposium on Computer Architecture (ISCA), Los Angeles, 2018: 340-352.

[35] Tu F, Yin S, Ouyang P, et al. Deep convolutional neural network architecture with reconfigurable computation patterns[J]. IEEE Transactions on Very Large Scale Integration Systems, 2017, 25(8):2220-2233.

第8章 人工智能芯片的软硬件协同设计

模型的大小不仅影响人工智能芯片的 MAC 单元、内存等片上资源需求，而且还影响通信带宽需求，与智能计算的性能和功耗直接相关。然而为了实现深度神经网络模型的精度最大化，神经网络层数不断增加，结构日益复杂，模型越来越大，由此带来巨大的计算和存储代价，最终导致神经网络的应用受到严重阻碍，尤其在一些计算能力相对较弱的边缘设备上，问题更为突出。为了在有限资源的硬件设备上更好地实现智能计算加速，需要对网络模型压缩和优化，这就涉及人工智能芯片的软硬件协同设计技术。目前的人工智能芯片的软硬件协同设计方法主要包括以下两类：①降低操作和操作数位宽的方法，如低位宽神经网络和二值化神经网络，②减少操作数量和模型大小的方法，如稀疏化神经网络。

8.1 低位宽神经网络

对神经网络进行位宽优化，是缩减模型大小的常用方法之一，而模型量化则是优化神经网络位宽的首要方法。量化是指将模型数据映射到一组量化级别上，而这组量化级别的数量反映了量化后数据表示需要的位宽。直观地讲，量化就是将以往用 32bit 或者 64bit 等高位宽形式表达的浮点数用 8bit、3bit 甚至更低位宽的数据形式进行存储，以降低模型的存储成本和计算量。量化过程必然存在误差，然而深度神经网络被过度参数化，进而包含足够的冗余信息，裁剪这些冗余信息不会导致明显的准确度下降。

由于神经网络的基本运算是权重与激活的乘累加，因此模型量化主要针对两类数据，一是权重数据，二是激活数据。如果将这两类数据中其中之一量化到{-1, 1}两个级别，那么神经网络的乘累加操作就可以简化为累加操作，而当两类数据都量化到{-1，1}时，神经网络的乘累加操作就将进一步简化为按位操作，这将极大地降低硬件的计算代价和存储代价。考虑到权重直接影响着存储容量的需求，量化相关研究最初的关注点仅限于降低权重的位宽，最近的研究也开始关注量化对激活值的影响。此外，由于梯度对量化的敏感性，大多数降低位宽的研究往往侧重于降低推理过程的位宽，而不是训练过程的位宽。

量化的方法很多，通常按照量化级别间距是否相等，可以分为线性量化方法和非线性量化方法。

8.1.1　线性量化

线性量化方法采用线性映射函数来确定量化级别，因此，如图 8.1 所示，其相邻量化级别之间通常是等距的或者说是均匀间隔的。它的首要方法是将数值和运算从浮点表示转换为定点表示。如图 8.2(a)所示，基于浮点表示法，一个 32bit 浮点数通常表示为 $(-1)^s \times m \times 2^{(e-127)}$，其中 s 是符号位，e 是 8bit 指数，m 是 23bit 尾数，可表示的数据范围为 $10^{-38} \sim 10^{38}$。

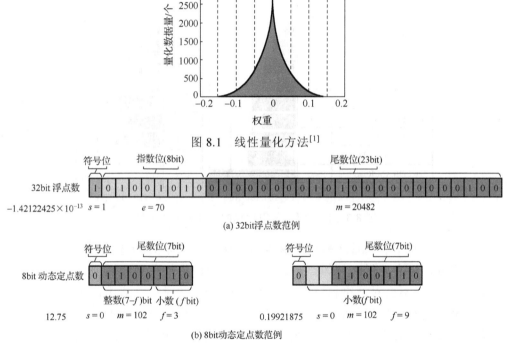

图 8.1　线性量化方法[1]

(a) 32bit浮点数范例

(b) 8bit动态定点数范例

图 8.2　不同的数值表示方法

如图 8.2(b)所示，基于动态定点表示法，一个 Nbit 定点数通常表示为 $(-1)^s \times m \times 2^{-f}$，其中 s 是符号位，m 是$(N-1)$bit 尾数，f 作为比例因子用来确定小数点的位置。例如，对于 8bit 整数，当 $f=0$ 时，动态表达范围是$-128 \sim 127$，而当 $f!=0$ 时，动态范围是$-0.125 \sim 0.124023438$。这种允许 f 根据所需的动态范围变化的表示方法对于人工智能芯片的软硬件协同设计十分有效，因为神经网络权重和激活的动态范围可能是不同的。此外，该动态范围还可以根据层类型而变化。使用动态定点化，在不进行精调的情况下，权重位宽可以降低到 8bit，激活可降低到 10bit[2]；如果进行精调，权重和激活都可以达到 8bit[3]。

斯坦福大学的 Horowitz[4]对各种基本运算的硬件面积和能耗代价进行了统计，结果如图 8.3 所示。根据图中数据可计算出，8bit 定点加法比 32bit 定点加法的能耗降低达 70%，面积减少 73.7%，比 32bit 浮点加法的能耗降低 97.7%，面积减少 99%。8bit 定点乘法比 32bit 定点乘法的能耗降低 93.5%，面积减少 91.9%，比 32bit 浮点乘法的能耗降低 94.6%，面积减少 96.3%。而且根据图中数据还可以发现，一个定点乘法的能量和面积变化与位宽变化近似呈二次方的关系。

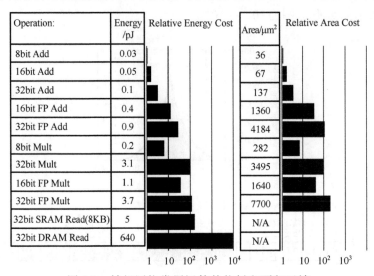

图 8.3　神经网络常用运算的能耗和面积开销

虽然通用硬件平台通常都只提供 8bit、16bit 和/或 32bit 操作支持，但 DNN 的最小位宽可能会更低。例如，AlexNet 的不同层的权重和激活值位宽可以量化到 4～9bit，而不会对网络精度产生显著影响[5,6]。针对这种情况，可以设计专门的硬件来提高吞吐量或降低能耗。Judd 等就采用操作的时钟周期数与位宽成正比的位串行设计，并对不同网络层采用不同量化位宽，相比于所有层都采用 16bit 量化位宽，将整体运算性能提高了 2.24 倍[5]。此外，在较低的量化位宽下，通过优化，不仅可以使得电路的开关活动下降，而且关键路径也会变短，也可以促进能耗的节省。例如，鲁汶大学设计的低功耗 CNN 处理器[8]在对 AlexNet 第 2 层进行的基准测试中,将输入数据和权重数据都量化到 7bit,与全精度 16bit 运算相比,获得了 48%的能耗节省。

8.1.2　非线性量化

研究表明，权重值和激活值的分布通常是不均匀的[7,8]，因此与量化间隔均匀的线性量化方法相比，采用非线性量化可以使权重数据和激活数据在各量化级别上的分布更加均匀，每个级别的使用效率更高，量化误差更小，更有利于保证网络精度。

非线性量化方法主要有两种，对数域量化和权重共享，其中权重共享也称为学习量化。

对数域量化方法如图 8.4 所示，是指根据对数分布函数确定量化级别的方法。在对数域量化方法中，以 2 为底的对数量化方法不仅可以将乘法运算简化为移位运算[3,8]，降低运算代价，而且还可以显著降低量化带来的精度损失。例如，Lognet[1]设计团队分别采用线性量化和 2 为底的对数量化方法对 VGG-16 的所有网络层中的权重数据进行 4bit 量化，在不对量化网络进行重训的情况下，与原始的 32bit 浮点数据模型相比，线性量化方法带来的精度损失为 89.3%（比 89.8%降低了 0.5 个百分点），对数量化方法则将精度损失降低 4.6%（从 89.8%降低到 85.2%）。目前还出现了一些优化的对数域量化方法，例如，增量网络量化[10]（Incremental Network Quantization，INQ）通过将大、小权重值划分为不同的组，然后对权重进行迭代量化和再训练，可以进一步降低网络精度损失。

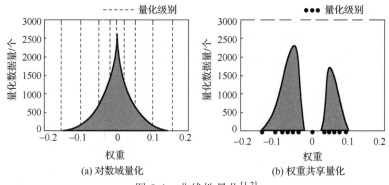

图 8.4　非线性量化[1,2]

权重共享量化即通过某种映射方式使得多个权重共享一个值，以减少权重值的数量，这样就可以用更低位宽的索引值来量化权重。例如，使用哈希函数对权重进行分组，并用哈希值来表示每个组的权重数据[11]；或者通过 K-means 算法对权重进行自动聚类[2]。对于这类方法，如果权重索引值小于权重本身的位宽，这种方法就可以降低权重的访存代价。

8.2　稀疏化神经网络及其架构设计

除了在 8.1 节中提到的减少每个操作或操作数（权重/激活）的大小之外，还有大量关于减少操作数和模型大小方法的研究。这些技术大致分为利用激活稀疏性、网络剪枝和压缩网络架构三类。

8.2.1　利用激活稀疏性

前面 2.2.2 节介绍过，激活函数是人工神经元细胞体中对所有输入信号进行加权和之后的非线性映射，它能够极大地增强网络的学习能力和表达能力，是神经元中非常重要的组成部分。在常用的激活函数中，ReLU 通过将所有为负值的输入信号加权和设置为零，来模拟生物神经的开关阈值状态，因此其输出都非常稀疏。Shi 等[11]统计了三种常用 DNN 中 ReLU 的输出稀疏性，包括基于 MNIST 数据集测试的 LeNet 结果、基于 Cifar10 数据集测试的 AlexNet 结果（即表 8.1 中的 AlexNetC）、基于 ImageNet 数据集测试的 AlexNet 结果（即表 8.1 中的 AlexNetI）和基于 ImageNet 测试的 GoogLeNet 结果。其中，每个网络都训练了 40 期（epoch），在每期结束时记录所有层的稀疏度，得到表 8.1 的统计结果。表中，参数 C 表示测试输入特征图数，H_{in} 和 W_{in} 分别表示输入图形的高度和宽度，K 表示输出特征图数，R 和 S 分别表示卷积核的高度和宽度，P 和 T 分别表示卷积的填充值和滑动步长。从表中可以看到，其中大多数层 ReLU 后的稀疏度都超过了 0.7，其中几层还达到了 0.95。

表 8.1　由 ReLU 引起的激活稀疏性[11]

网络名称	测试网络层	C	$H_{in} \times W_{in}$	K	$R \times S$	P	T	稀疏度
LeNet	Conv2	20	11×11	64	5×5	1	2	0.95
AlexNetC	Conv3	32	6×6	64	5×5	2	1	0.9
AlexNetI	Conv2	96	26×26	256	5×5	2	2	0.6
AlexNetI	Conv3	256	5×5	384	3×3	1	1	0.7
AlexNetI	Conv4	384	5×5	384	3×3	1	1	0.9
AlexNetI	Conv5	384	5×5	256	3×3	1	1	0.8
GoogLeNet	Inception4a.1	480	14×14	192	1×1	0	1	0.9
GoogLeNet	Inception4a.2	192	7×7	96	1×1	0	1	0.9
GoogLeNet	Inception4e.3	160	7×7	320	3×3	1	1	0.9
GoogLeNet	Inception5a.1	832	7×7	256	1×1	0	1	0.95
GoogLeNet	Inception5a.2	256	7×7	160	1×1	0	1	0.9
GoogLeNet	Inception5b.3	192	7×7	384	3×3	1	1	0.95
GoogLeNet	Inception5b.5	48	7×7	128	5×5	2	1	0.95

人工智能芯片计算架构的构建可以利用 ReLU 输出的稀疏性，通过数据压缩来降低芯片面积和减少片外通信带宽。例如，采用简单的游程编码来对一个前 16bit 是非零值、后 31bit 均为 0 的数据进行压缩以后，就可以将激活的通信带宽减少约 52%，并将整个网络计算的通信带宽减少 1/3。除了数据压缩，硬件还可以直接跳过 0 值的 MAC 操作来降低功耗，提升性能。例如，Eyeriss 就基于这种

方法，在以 AlexNet 为基准测试集的计算中获得了 45%的 PE 功耗节省[12]。而在一组用于图像分类的 DNN 上的实验结果表明，CNV[13]仅通过跳过 0 值操作数乘法这一项技术，就获得了最高 55%、最低 24%、平均 37%的性能加速，同时运算精度还没有任何损失。Shi 等[11]基于这种方法，在表 8.1 列举的几种经典网络上获得了最高 8.11 倍、最低 1.39 倍、平均 3.49 倍的性能提升。

此外，对绝对值较小的激活值进行修剪，还可以进一步提升激活输出的稀疏度。对这种稀疏性的利用同样可以使得人工智能芯片获得性能的提升和功耗的降低。例如，Minerva[14]就通过这种小激活值剪枝的方法，在 MNIST、Forest、Reuters、WebKB 和 20NG 这五个数据集上获得了平均 50%的功耗节省。

8.2.2　网络剪枝

深度学习模型因其稀疏性或过拟合倾向，其网络中的大量权重都是冗余的，完全可以被裁剪为结构更为精简的模型，这个精简网络模型的过程就称为网络剪枝。剪枝方法通常分为结构化剪枝[15,16]和非结构化剪枝两种。

非结构化剪枝也称为细粒度剪枝，它是针对网络中的权重逐个进行判定，逐个进行剪枝。结构化剪枝则是一种粗粒度剪枝方法，它每次针对网络中的一组符合某种结构化特征的权重进行判定，按组进行剪枝。这些权重组可以是相邻的一组权重，也可以是卷积核的整行、整列、整个通道甚至整个卷积核。然而，使用的剪枝粒度越大往往导致精度损失也会越大[17]。结构化剪枝的好处在于：①剪枝以后的模型仍然可以很好地部署在 SIMD 等通用并行架构平台上运行[18]，而不像非结构化剪枝那样，必须依赖特定算法库或者专门定制的硬件架构才能完成运算；②在运算过程中，它是按组访问权重，每组权重只需要提供一次位置信号，而处理非结构化剪枝模型则需要针对每个权重单独提供位置信号，因此，结构化剪枝后的模型访存代价更低。

早期的网络剪枝方法通常都是减少权重数量。例如，1990 年，LeCun 等在 *Optimal brain damage* 一文[19]中提出根据每个权重对训练损失的影响，即权重显著性，来确定应该被去除的权重，然后对剩余权重进行精调，再重复该过程直到权重总量降低到期望的程度，并且网络精度符合预期为止。又如，2015 年，Han 等[20]指出对于大规模的 DNN 来说，计算每个权重的显著性作为度量是非常困难的。因此，他们基于权重的大小进行剪枝，一轮剪枝后再对模型进行精调以恢复精度。根据他们的统计发现，不精调权重，大约只有 50%的权重可以被修剪；而通过精调，超过 80%的权重都可以被修剪。将这种方法应用于 AlexNet，可以减少 89%左右的权重量和 67%左右的 MAC 操作。

上述方法存在的问题在于：既然网络剪枝的根本目的是降低计算的能耗，而

DNN 运算的能耗通常基于运算需要从内存层次结构的中搬移数据的总量、MAC 操作的数量以及数据稀疏性这几个指标来评估，那么它与权重的数量并没有直接的关联。例如，在 AlexNet 中，全连接层的权重数量比卷积层多很多，但是卷积层的计算能耗远高于全连接层。因此，用能耗指标直接驱动权重的修剪可以达到更好的效果[21]。

　　对于采用矩阵-向量乘法形式的 DNN 运算，例如，只针对单个特征输入向量的全连接层运算，确定用于存储稀疏权重矩阵压缩格式对于能效非常重要。压缩可以按行或列顺序进行。通常，稀疏矩阵向量乘法都采用如图 8.5(a) 所示的压缩稀疏行(Compress Sparse Row，CSR)格式。然而，基于 CSR 格式，虽然权重矩阵中的行是稀疏的，在运算时只需要使用输入特征向量的一个子集，但是也需要每次都完整读取整个输入特征向量。这样多次反复读取输入特征向量将显著增加运算的访存开销。如果采用如图 8.5(b) 所示的压缩稀疏列(Compress Sparse Column，CSC)格式，则对于权重矩阵中的每一列，只需要读取输入向量的一个元素，但是输出向量则需要每次更新[22]。因此，如果输出向量的模小于输入向量的模，或者在 CNN 的运算中，卷积核的数量没有明显大于卷积核中权重的数量时，采用 CSC 格式需要的访存量将低于 CSR 需要的访存量。而且，现实应用通常都符合上述这两种情况，因此 CSC 也是一种有效的稀疏 DNN 处理格式。

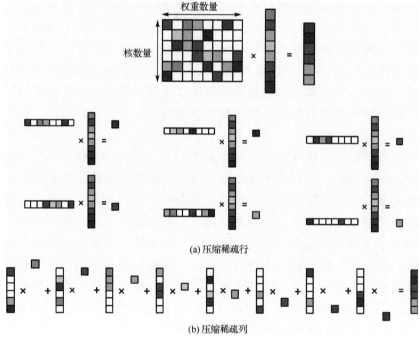

(a) 压缩稀疏行

(b) 压缩稀疏列

图 8.5　使用不同存储格式的稀疏矩阵-向量乘法[22]

目前，已经有一些专门为有效支持非结构化修剪后的 DNN 模型而设计的专用硬件架构，它们能够在不解压权重或激活的情况下执行计算。例如，专门处理全连接层稀疏矩阵向量乘法的架构——高效推理引擎（Efficient Inference Engine, EIE）[23]，它以 CSC 格式存储权重以及每个列的起始位置，并设计了专门的附加逻辑来跟踪需要更新的输出的位置。SCNN[24]则是一种专门处理卷积层稀疏矩阵向量乘法的专用架构。它采用基于输入数据复用模式的数据流完成运算，只需要将压缩后的权重和激活值传递给乘法器阵列，然后基于一个专门的处理逻辑来完成分散的部分和数据的加法。

8.2.3　压缩网络架构

大卷积核带来更大的感受野，但其参数量也更大。为了平衡深度神经网络模型加深的趋势所带来的越来越高的计算代价，通常用一组堆叠以后能够覆盖相同感受野范围的小卷积核来代替大卷积核，从而在保持感受野范围的同时减少参数量，降低计算量。例如，一个 5×5 卷积可以替换为两个 3×3 卷积，一个 $N×N$ 卷积可以分解为两个一维卷积，即一个 $1×N$ 和一个 $N×1$ 卷积[25]。这种方法可以在进行网络训练前直接应用于网络架构的设计，也可以在训练完成后通过分解网络训练时使用的卷积核来实现。后者避免了从零开始训练网络的麻烦，而前者则更加灵活。例如，对训练后的网络进行卷积核分解的现有方法都要求分解后的卷积核之间不存在非线性关系。

训练前，用一组小卷积核模拟大卷积核的前提是，这个大的二维卷积核必须是可分离的[26]，这是图像处理中的一个常用约束。同样地，也可以像 Xception[27] 和 MobileNets[28]那样，将三维卷积运算分解为仅针对输入特征图中一个输入通道展开的一组二维卷积运算和一个 1×1 的三维卷积运算。此外，还可以用 1×1×N 卷积核来减少给定层的输出特征映射中的通道数量，以减少下一层中卷积核的计算代价[29,30]。例如，1×1×64 的 32 个卷积核可以将具有 64 个通道的输入转换为 32 个通道的输出，并将下一层中的卷积核通道数量减少到 32 个。也就是说，这种方法有效的前提是，这种模型中卷积所采用的 1×1×N 卷积核的数量必须小于 1×1×N 卷积核中的通道数量 N。SqueezeNet 的设计就采用了这种方法[31]。它首先使用 1×1×N 卷积核来"挤压"网络，然后用多个 1×1 和 3×3 卷积核对"挤压"后的网络进行扩展。与 AlexNet 相比，SqueezeNet 通过这种方法减少了 98%的权重数量，同时还保持了相同的精度。然而正如 8.2.2 节所分析的那样，权重的数量减少并不一定会减少能耗，SqueezeNet 的能耗就高于 AlexNet。

对于训练好的网络，则可以采用张量分解的方法在不影响精度的前提下分解卷积核。张量分解将层中的权重视为 4D 张量，并将其分解为较小张量的组合。

然后应用低秩近似来进一步提高压缩率，代价是精度会有所降低，但这种精度的损失可以通过精调权重来恢复。张量分解的求解方法很多，如贪婪算法[32]或非线性最小二乘法[33]。通过将 CP 分解与低秩近似相结合的方法[32]在 CPU 上可实现 4.5 倍的加速[33]。然而当表示权重的张量维大于 2 时，CP 分解不能保持数值稳定性[33]，Tucker 分解可用于缓解这个问题[34]。

8.3　二值神经网络

最新的研究结果表明，神经网络的数据位宽甚至可以降低到 1bit。与此相关的研究被称为二值神经网络。BinaryConnect[35]引入了二值权值的概念，即其中使用二值权值将 MAC 中的乘法运算简化为加法和减法运算。这后来在使用二值权值和激活的二值神经网络[36]中得到了扩展，可用于将智能计算中的 MAC 运算简化为 XNOR 运算。

8.3.1　二值神经网络背景

最早，Bengio 等提出二元连接的概念[36]，并使用 ±1 的权重，将乘法运算用加法运算代替；而其改进版本二值神经网络（Binarized Neural Network，BNN），则同时使用二值的权重和二值激活函数，将乘累加运算简化成同或运算[37]。当然，这种方法会带来一定的网络精度损失，故研究者想了很多办法来减少性能损失，包括二值权重网络（Binary Weight Net，BWN）、同或网络（XNOR-Net）[37]和低精度量化神经网络（Quantized Neural Network）[38]，并取得了一定的效果。近期又出现了三值权重网络（Ternary Weight Net，TWN）[39]，它给二值权重增加了一个"0"，即 "–1，0，1" 的表示方法。经过精细调参训练后，三值权重的 AlexNet 与 32bit 浮点 AlexNet 相比，精度损失只有 0.6%[40]。

8.3.2　面向二值/三值神经网络的计算架构优化

YodaNN[41]是第一个二值权重 CNN 加速器，其主要关注电路级优化。得益于二值权重 CNN 加速器的无乘法器设计，YodaNN 实现了很高的能效。但即使将网络权重限制到二值或三值，大规模的 CNN 计算仍需要上亿次操作。而相比于实数，两个随机选择的二值数很可能是相同的，这个特性可以被用来减少计算操作数。相关研究展示了二值卷积计算存在的大量冗余性，这给硬件架构设计带来了启发，通过软件优化方法可以去除冗余计算，提高硬件能效。

Kim 基于 BWN 的冗余特性提出了卷积核分解方法[42]，如图 8.6 所示。

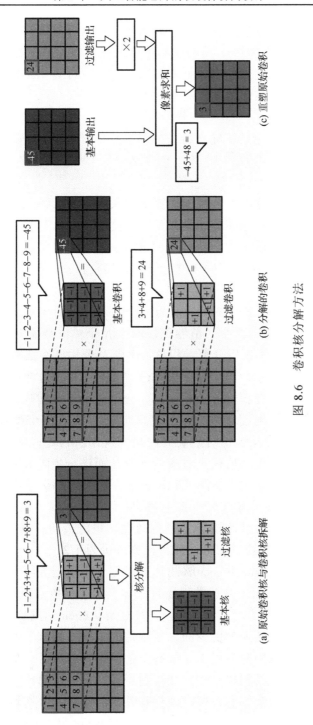

图 8.6　卷积核分解方法

原始卷积过程如图 8.6(a)所示，将原始核分解为基本核与过滤核。通过将原始核中的全部+1 权重替换为−1 而构成基本核，而将原始核中的全部−1 权重替换为 0 构成过滤核。继而分别使用分解的两类卷积核进行卷积操作，得到基本输出与过滤输出后，基于下面的公式重塑原始卷积：

$$Y = Y\_b + A \times Y\_f \tag{8-1}$$

其中，Y 表示 $n \times m$ 的原始卷积输出特征向量；Y_b 和 Y_f 分别表示 $n \times m$ 的基本输出特征向量和过滤输出特征向量；A 表示对角矩阵 $\mathrm{diag}(\lambda_1, \lambda_2, \cdots, \lambda_n)$，其中 $\lambda_1, \lambda_2, \cdots, \lambda_n$ 均为 2。

通过分解卷积核，可以大量减少计算操作数，并引入稀疏性的过滤核。由于基本核的元素数量等于原始核的元素数量，因此完成一次基卷积所需的操作数等于原始卷积。而对于过滤卷积，由于 0 权重的引入而减少了操作数。考虑到神经网络的统计特性，各种 BNN 中不同权重的比例分别约占 50%，因此过滤卷积中的操作数减少了约 50%。

单输入多输出卷积方式：图 8.7(a)为一个输入特性图和 N 个输出特征图的二值权重 CNN 卷积示意图，N 个二值卷积核产生 N 个输出特征图，并且假定+1/−1 权重比例各为 50%。若不采用分解卷积核，计算 N 个输出特征图需要 N 次卷积计算。在卷积核分解架构中，每个卷积核被分解为基本核与过滤核。由于所有基本核是相同的，因此基本卷积输出是相同的。通过复用第一次基卷积结果，剩余的 $N-1$ 次基卷积计算可被跳过。对于 N 个过滤卷积计算，由于 50%稀疏性的引入，50%的计算可被减少。因此卷积的数量从 N 减少到 $N/2+1$，近似将计算减少为 50%。可通过门控时钟技术跳过 0 值权重对应的计算从而进一步降低能耗。

多输入多输出卷积方式：如图 8.7(b)所示，将卷积核分解架构扩展到更一般性的 M 输入特征图和 N 个输出特征图的情况。与单输入多输出卷积模式相似，考虑到基卷积结果的复用与过滤核 50%的稀疏性，可将最初的 $N \times M$ 次卷积计算减少到 $N \times M/2+M$，随着 N 的增加可近似将计算减少为 1/2。

尽管分解卷积核架构减少了 50%的计算，但仍不能最大限度地消除二值权重 CNN 的冗余计算。并且由于分解卷积核将破坏三值卷积核中的 0 值权重，不能减少计算，因此该方法不能用于三值权重 CNN 计算。Zheng 等提出了卷积核转换架构，通过将原始卷积核转换为更少的、更稀疏的"基卷积核"而最大限度地减少了计算量，该方法可以同时应用于二值和三值网络，提升了二值、三值权重卷积计算能效[43]。图 8.8 为卷积核分解方法与卷积核转化方法对比示意图，通过将两个原始卷积核转化为两个基卷积核，计算基卷积结果，并分别通过加、减操作得到两个正确的卷积输出结果。最终在 SVHN、AlexNet 和 VGG-16 上测试，该方法减少了 43.4%～79.9%的计算操作。

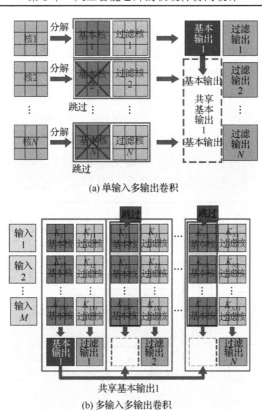

(a) 单输入多输出卷积

(b) 多输入多输出卷积

图 8.7　单输入多输出卷积情况和多输入多输出卷积情况（见彩图）

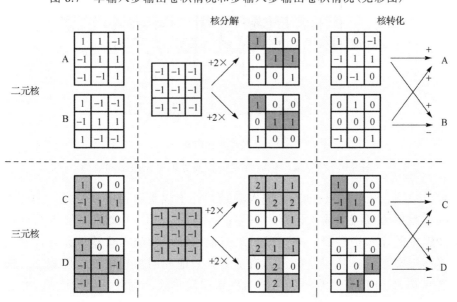

图 8.8　卷积核分解与卷积核转化方法的对比（见彩图）

卷积核转化架构执行流程为：预训练二值、三值 CNN 模型→基卷积核转化→计算输入与基卷积核的中间卷积结果→重塑输出特征图。其中，基于启发式的迭代搜索算法，提取了所有卷积核中最大重叠的公共因子项，将原始卷积核转换为更少的、更稀疏的卷积核，从而减少了计算量。

为了探索数据复用性，避免 0 值权重操作，完成输出特征图的重塑，设计了卷积核转化硬件架构，如图 8.9 所示。该架构主要由多个并行的处理单元、片上缓存、卷积核转换控制器以及缓存控制器核外存接口组成。每个处理单元从对应的缓存中读取输入激励，稀疏压缩的权重和索引，以计算基卷积并重塑原输出。

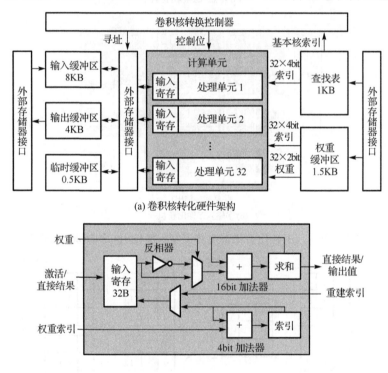

(a) 卷积核转化硬件架构

(b) 处理单元微架构

图 8.9　卷积核转化硬件架构以及处理单元微架构设计

对于二值、三值权重 CNN，输入激励相比于权重需要更多位宽，因此采用了输入静态数据流以减少输入访存。在卷积计算时，所需的激励从输入缓存广播到每个 PE 中的输入寄存器，并完成对当前输入通道的全部基卷积计算，基卷积核的计算结果暂存于临时缓存单元。为了更有效地利用基卷积核的稀疏性，采用了与 SCNN 以及 ESE 类似的稀疏压缩的权重编码形式。同时，架构中的 PE 也被用来重塑原始部分和，对应输出通道的 32 个部分和被同时计算。查找表被用作对临时缓存单元和每个 PE 中的输入寄存器寻址。查找表首先提供基卷积结果的索引给全局控制端,进而从临时缓存中读取基卷积结果并广播给 32 个 PE 的输入寄存器。同时这些索引也被用来从输出缓存中读取先前累加结果完成卷积重塑。

最近 BNN 的简单逻辑计算也给设计存内计算新架构带来了新机会。Ando 等设计了基于存内计算的二值、三值神经网络计算芯片 BRein Memory[44]。所有的权重被存在片上 SRAM 中,通过相连的逻辑电路在 SRAM 中完成并行计算。Liu 等使用 6T-SRAM 完成了 BNN 计算,并将存储单元扩展为 8T 实现了位级 XNOR 操作[45]。Kim 等则通过卷积核分解方法将 XNOR 计算转化为 NAND 计算,并使用传统 6T-SRAM 完成了 XNOR-Net 的计算,减少了计算量并降低了存内计算的复杂度[42]。

参 考 文 献

[1] Lee E H, Miyashita D, Chai E, et al. Lognet: Energy-efficient neural networks using logrithmic computations[C]. ICASSP, New Orleans, 2017.

[2] Ma Y, Suda N, Cao Y, et al. Scalable and modularized RTL compilation of convolutional neural networks onto FPGA[C]. FPL, Lausanne, 2016.

[3] Gysel P, Motamedi M, Ghiasi S. Hardware-oriented approximation of convolutional neural networks[C]. ICLR, San Juan, 2016.

[4] Horowitz M. Computing's energy problem and what we can do about it[C]. ISSCC, San Francisco, 2014.

[5] Judd P, Albericio J, Hetherington T, et al. Stripes: Bit-serial deep neural network computing[C]. MICRO, Taiwan, 2016.

[6] Moons B, Verhelst M. A 0.3－2.6 TOPS/W precision scalable processor for real-time large-scale ConvNets[C]. Symposium on VLSI Circuits, Honolulu, 2016.

[7] Han S, Mao H, Dally W J. Deep compression: Compressing deep neural networks with pruning, trained quantization and Huffman coding[C]. ICLR, San Juan, 2016.

[8] Miyashita D, Lee E H, Murmann B. Convolutional neural networks using logarithmic data representation[J].arXiv preprint arXiv:1603.01025, 2016.

[9] Zhou A, Yao A, Guo Y, et al. Incremental network quantization: Towards lossless CNNs with lowprecision weights[C].ICLR, Toulon, 2017.

[10] Chen W, Wilson J T, Tyree S, et al. Compressing neural networks with the hashing trick[C]. ICML, Lille, 2015.

[11] Shi S, Chu X. Speeding up convolutional neural networks by exploiting the sparsity of rectifier units[J]. arXiv: 1704.07724 v2, 2017.

[12] Chen Y H, Krishna T, Emer J, et al. Eyeriss: An energy-efficient reconfigurable accelerator for deep convolutional neural networks[C].ISSCC, Shenzhen, 2016.

[13] Albericio J, Judd P, Hetherington T, et al. Cnvlutin: Ineffectual-neuron-free deep neural network computing[C]. ISCA, Seoul, 2016.

[14] Reagen B, Whatmough P, Adolf R, et al. Minerva: Enabling low-power, highly-accurate deep neuralnetwork accelerators[C].ISCA, Seoul, 2016.

[15] Wen W, Wu C, Wang Y, et al. Learning structured sparsity in deep neural networks[C]. NIPS, Barcelona, 2016.

[16] Anwar S, Hwang K, Sung W. Structured pruning of deep convolutional neural networks[J]. ACM Journal of Emerging Technologies in Computing Systems, 2017, 13(3): 32.

[17] Mao H, Han S, Pool J, et al. Exploring the regularity of sparse structure in convolutional neural networks[C]. CVPR Workshop on Tensor Methods in Computer Vision, Honolulu, 2017.

[18] Yu J, Lukefahr A, Palframan D, et al. Scalpel: Customizing DNN pruning to the underlying hardware parallelism[C]. ISCA, Toronto, 2017.

[19] LeCun Y, Denker J S, Solla S A. Optimal brain damage[C].NIPS, Denver, 1990.

[20] Han S, Pool J, Tran J, et al. Learning both weights and connections for efficient neural networks[C].NIPS, Montreal, 2015.

[21] Yang T J, Chen Y H, Sze V. Designing energy-efficient convolutional neural networks using energy-aware pruning[C].CVPR, Honolulu, 2017.

[22] Dorrance R, Ren F, Markovic D. A scalable sparsematrix-vector multiplication kernel for energy-efficient sparseblason FPGAs[C].ISFPGA, Monterey, 2014.

[23] Han S, Liu X, Mao H, et al. EIE: Efficient inference engine on compressed deep neural network[C].ISCA, Seoul, 2016.

[24] Parashar A, Rhu M, Mukkara A, et al. SCNN: An accelerator for compressed-sparse convolutional neural networks[C].ISCA, Toronto, 2017.

[25] Szegedy C, Vanhoucke V, Ioffe S, et al. Rethinking the inception architecture for computer vision[C].CVPR, Las Vegas, 2016:2818-2826.

[26] Lim J S. Two-dimensional Signal and Image Processing[M]. Englewood Cliffs: Prentice Hall, 1990: 710.

[27] Chollet F. Xception: Deep learning with depthwise separable convolutions[C]. CVPR, Honolulu, 2017.

[28] Howard A G, Zhu M, Chen B, et al. Mobilenets: Efficient convolutional neural networks for mobile vision applications[J].arXiv preprint arXiv:1704.04861, 2017.

[29] He K, Zhang X, Ren S, et al. Deep residual learning for image recognition[C].CVPR, Las Vegas, 2016.

[30] Szegedy C, Liu W, Jia Y, et al. Going deeper with convolutions[C].CVPR, Boston, 2015.

[31] Iandola F N, Moskewicz M W, Ashraf K, et al. SqueezeNet: AlexNet-level accuracy with 50x fewer parameters and <1MB model size[C].ICLR, Toulon, 2017.

[32] Denton E, Zaremba W, Bruna J, et al. Exploiting linear structure within convolutional networksfor efficient evaluation[C].NIPS, Montreal, 2014.

[33] Lebedev V, Ganin Y, Rakhuba1 M, et al. Speeding-up convolutional neural networks using fine-tuned CP-decomposition[C]. ICLR, San Diego, 2015.

[34] Kim Y D, Park E, Yoo S, et al. Compression of deep convolutional neural networks for fast and low power mobile applications[C].ICLR, San Juan, 2016.

[35] Courbariaux M, Bengio Y, David J P. Binaryconnect:Training deep neural networks with binary weights during propagations[C].NIPS, Montreal, 2015.

[36] Courbariaux M, Bengio Y. Binarynet: Training deep neural networks with weights and activations constrained to +1 or -1[J]. arXiv preprint arXiv:1602.02830, 2016.

[37] Rastegari M, Ordonez V, Redmon J, et al. XNOR-Net:Image net classification using binary convolutional neural networks[C].ECCV, Amsterdam, 2016.

[38] Hubara I, Courbariaux M, Soudry D, et al. Quantized neural networks: Training neural networks with low precision weights and activations[J]. arXiv preprint arXiv:1609.07061, 2016.

[39] Li F, Liu B. Ternary weight networks[C].NIPS Workshop on Efficient Methods for Deep Neural Networks, Barcelona, 2016.

[40] Zhu C, Han S, Mao H, et al. Trained ternary quantization[C].ICLR, Toulon, 2017.

[41] Andri R, Cavigelli L, Rossi D, et al. YodaNN: An ultra-low power convolutional neural network accelerator based on binary weights[C]. ISVLSI, Pittsburgh, 2016.

[42] Kim H, Sim J, Choi Y, et al. A kernel decomposition architecture for binary-weight convolutional neural networks[C].The 2017 54th ACM/EDAC/IEEE Design Automation Conference (DAC), Austin, 2017: 1-6.

[43] Zheng S, Liu Y, Yin S, et al. An efficient kernel transformation architecture for binary- and ternary-weight neural network inference[C].The 2018 55th ACM/ESDA/IEEE Design Automation Conference (DAC), San Francisco, 2018: 1-6.

[44] Ando K, Ueyoshi K, Orimo K, et al. BRein Memory: A 13-layer 4.2K neuron/0.8M synapse binary/ternary reconfigurable in-memory deep neural network accelerator in 65nm CMOS[C].Symposiumon VLSI, Kyoto, 2017.

[45] Liu R, Peng X, Sun X, et al. Parallelizing SRAM arrays with customized bit-cell for binary neural networks[C]. The IEEE 55th ACM/ESDA/IEEE Design Automation Conference (DAC), San Francisco, 2018:1-6.

第 9 章　总结与展望

9.1　本书内容总结

短短几年,神经网络的应用取得了爆炸式增长。目前已广泛用于各种 AI 应用,包括计算机视觉、语音识别和机器人技术等, 在有的领域甚至取得比人类更高的准确性。但是,神经网络能够提供如此出色的准确性是以计算复杂度为代价的。因此, 能够经济高效地实现智能计算,在提高能源效率和吞吐率的同时又不牺牲准确性的人工智能芯片设计技术,对于支撑人工智能持续飞跃式发展至关重要。

本书不仅介绍了人工智能和神经网络相关的基本概念和基础知识,还详细分析了人工智能芯片设计面临的各种挑战,以及各种人工智能芯片的发展现状与存在的问题, 由此引出关于人工智能芯片计算架构、数据复用、网络映射、存储优化以及软硬件协同设计等关键技术的最新研究成果的探讨。书中探讨的所有技术在实际应用过程中应综合考虑,深刻理解它们之间的相互作用,在设计中力求做到硬件/算法共同优化,才能获得更佳的创新机会和设计应用效果。

9.2　未　来　展　望

通过对人工智能算法以及芯片的现状进行分析,未来的人工智能芯片设计将朝着以下方向发展。

(1)可重构计算:随着网络模型的复杂度不断增加,对于计算硬件的要求也越来越高。可重构计算架构允许硬件架构功能随着软件变化而变化,灵活地适应新的算法、架构和任务,兼具 CPU/GPU 的通用性、ASIC 的高性能和低功耗、可按需更迭设计且开发周期短。随着神经网络算法的飞速发展,可重构智能计算架构将朝着超高能效方向发展,在能效要求苛刻的多样化边缘人工智能应用中大显身手。

(2)计算存储一体化架构设计:深度学习算法负载通常都具有数据密集型的特点, 需要大量的存储和各层次存储器间的数据搬移,导致冯·诺依曼体系结构的"内存墙"问题更加突出。为了弥补计算单元和存储器之间的差距,学术界和工业界正在计算存储一体化的两个方向上进行探索:①富内存的处理单元,增加片上存储器的容量并使其更靠近计算单元，使得数据计算单元和内存之间的数据移动成本(时间和功耗)显著减少；②具备计算能力的新型存储器，直接在存储器内部(或更近)实现计算。这种方法也被称为存内计算或近数据计算。因此，计算存储一体化架构设计也将是未来的重要发展方向。

(3)软硬件协同的模型压缩：由于神经网络本身庞大的数据量以及对片上存储资源的高要求，在算法优化层面，研究者考虑对神经网络模型进行压缩处理，如量化、稀疏化等。卷积神经网络本身对低比特处理的鲁棒性高，也就为模型压缩处理带来了极大的发挥空间。无论前向推理还是后向传播的过程中，都可以引入稀疏化、量化等方案。针对不同的神经网络算法，怎么设计合理的压缩方案，如何控制压缩力度的边界，计算量和精确度之间如何折中，都值得探究。也正因如此，如何对压缩后的具备一定规则的神经网络模型进行高效的片上推理运算也将成为未来的重要研究方向。

(4)AutoML：深度学习的技术往往比较复杂，从头开始开发难度较大，为了帮助研究者、开发者、商业公司更高效地利用 AI 技术解决实际业务问题，AutoML 概念应运而生。AutoML 的内涵是通过机器学习技术把参数以及结构的调整交给机器，从而解决现在人工调校参数的问题。与此相对应地，如果能够实现支持 AutoML 算法的"自我进化"芯片，将无疑是对计算设备的一次全新变革。对于 AI 领域，AutoML 无疑是一个"大杀器"，谁能抢先一步占得技术先机就能在未来竞争中占据主动。

回顾过去的短短几年，以深度学习为核心的 AI 技术大爆发，催生了人工智能芯片，并推动其迅猛发展。如今，万物智能物联时代来临，AI 计算正从"云"走向"端"，边缘节点的低功耗、低时延的诉求极其苛刻，由此带来的算法和架构的挑战也是难以估量的，人工智能芯片技术路向何方，期待你我共同探索！

彩　图

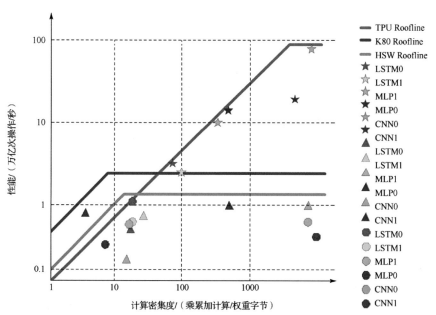

图 3.7　Intel Haswell CPU、NVIDIA K80 GPU、TPU 的性能对比

（五角星 -TPU，三角形 -K80，圆形 -Haswell）[10]

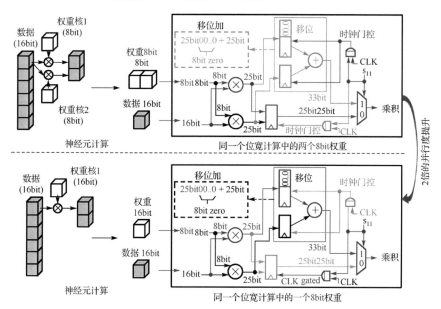

图 4.10　位宽自适应计算

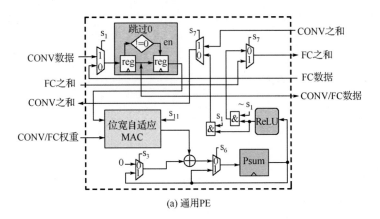

(a) 通用PE

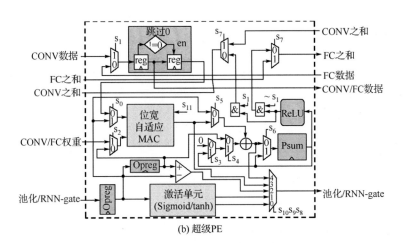

(b) 超级PE

#	模式	s_0s_1	s_2	s_4	s_5	$s_8s_9s_{10}$	s_{11}
1	Conv(16bit-w)	01	1	1	1	xxx	1
2	FC(16bit-w)	00	1	1	1	xxx	1
3	Conv(8bit-w)	01	1	1	1	xxx	0
4	FC(8bit-w)	00	1	1	1	xxx	0
5	tanh	xx	x	x	x	000	x
6	Sigmoid	xx	x	x	x	100	x
7	池化	xx	x	x	x	010	x
8	乘法	1x	0	x	x	110	x
9	加法	xx	x	0	0	001	x

#	状态	$s_3s_6s_7$
1	启动	000
2	循环	100
3	结束	010
4	空闲	001

通用PE: #1/2/3/4；超级：PE: #1/2/3/4/5/6/7/8/9

(c) 配置：模式+状态

图 4.11　PE 结构

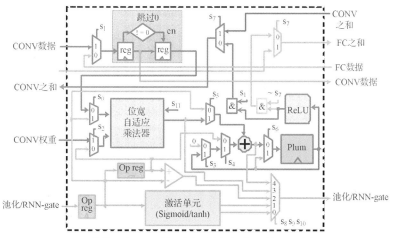

(a) CONV操作(红色)/CONV输入前向通路(绿色)/输出后向通路(蓝色)

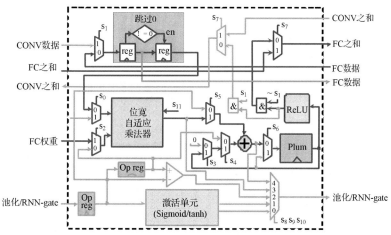

(b) FC操作(红色)/FC输入前向通路(绿色)/输出后向通路(蓝色)

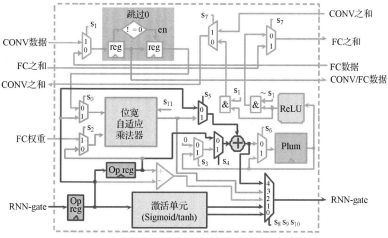

(c) RNN-gate操作中的Sigmoid/tanh(红色)/乘法器(绿色)/加法器(蓝色)

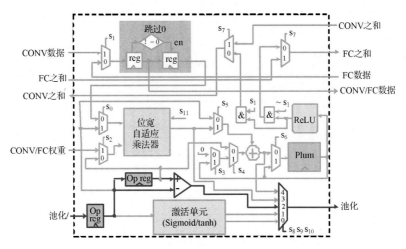

(d) 池化操作(红色)

图 4.12　不同类型操作的数据通路

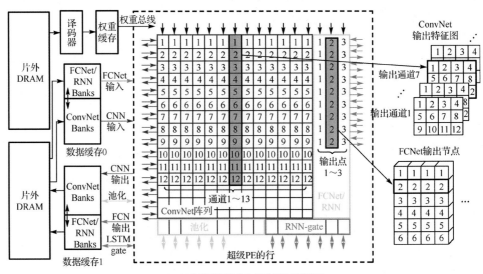

(a) LRCN的阵列划分和多层并行计算数据流

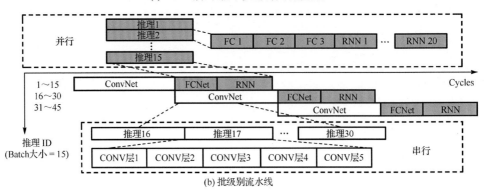

(b) 批级别流水线

图 4.16　LRCN 的阵列划分和多层并行计算数据流，以及批级别流水线

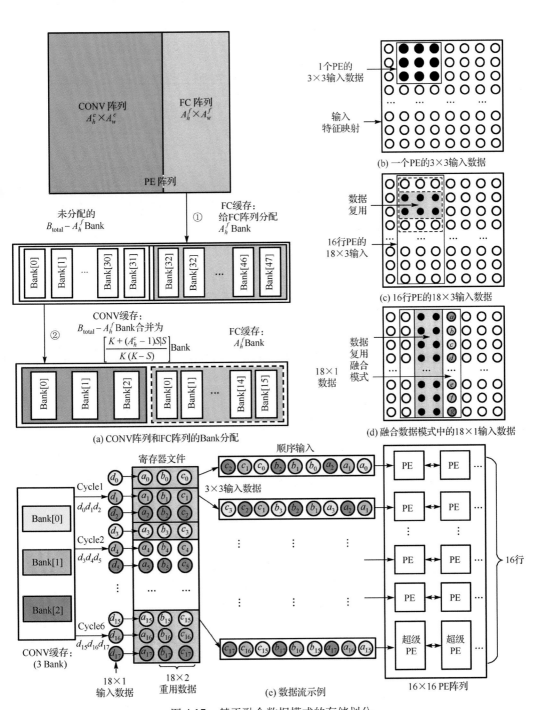

图 4.17　基于融合数据模式的存储划分

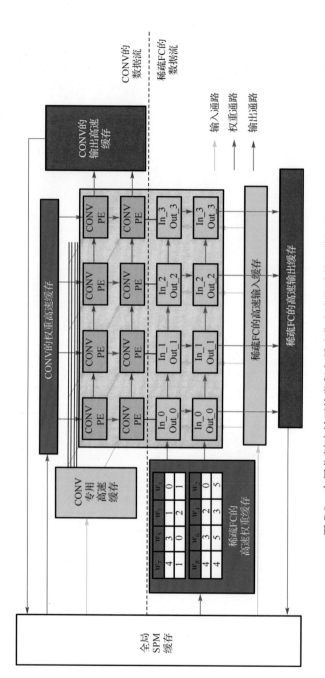

图 7.8　空间分割映射下的卷积和稀疏化全连接计算的数据流

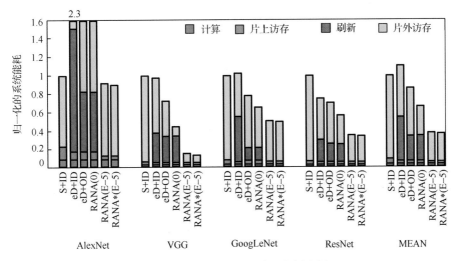

图 7.19　RANA 框架系统级能耗分析

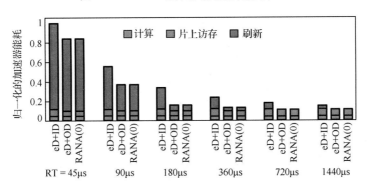

图 7.20　加速器在 ResNet 上的能耗比较

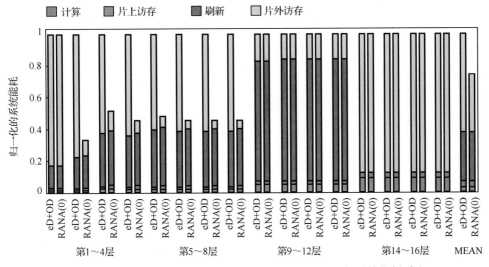

图 7.21　eD+OD 和 RANA(0) 在 VGG 网络上的逐层分析系统能耗对比

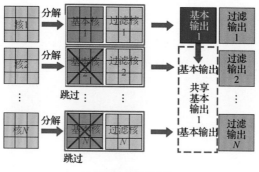

(a) 单输入多输出卷积

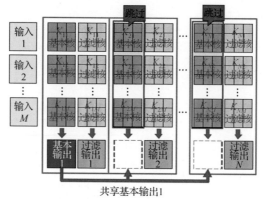

(b) 多输入多输出卷积

图 8.7 单输入多输出卷积情况和多输入多输出卷积情况

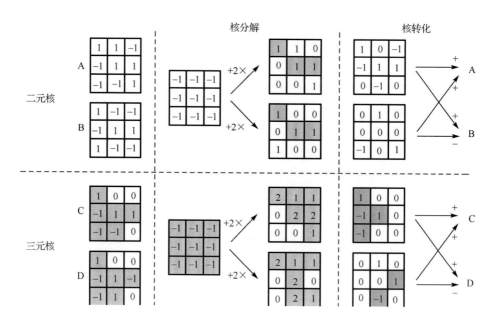

图 8.8 卷积核分解与卷积核转化方法的对比